石油教材出版基金资助项目

高等院校特色规划教材

安全生产事故预防与控制

主　编　康　健　张继信

副主编　代濠源　王　强

石油工业出版社

内容提要

本书内容主要包括安全生产事故预防与控制基本概念、风险管理基本理论、安全生产技术措施、安全生产管理措施、事故应急救援及处置、事故调查分析及处理、典型安全生产事故案例。本书通过大量研究文献和调研事故案例，选择了一些常用有效的事故预防与控制方法，可供读者进一步延伸学习。

本书可作为高等院校安全工程专业本科生教学用书，也可供油气生产行业技术与管理人员参考。

图书在版编目（CIP）数据

安全生产事故预防与控制/康健，张继信主编. —北京：石油工业出版社，2021. 6 （2023.8重印）
高等院校特色规划教材
ISBN 978 - 7 - 5183 - 4665 - 3

Ⅰ. ①安… Ⅱ. ①康…②张… Ⅲ. ①工伤事故—事故预防—高等学校—教材 Ⅳ. ①X928. 03

中国版本图书馆 CIP 数据核字（2021）第 107977 号

出版发行：石油工业出版社
（北京市朝阳区安定门外安华里 2 区 1 号楼 100011）
网 址：www. petropub. com
编辑部：（010）64523697 图书营销中心：（010）64523633
经 销：全国新华书店
排 版：三河市燕郊三山科普发展有限公司
印 刷：北京中石油彩色印刷有限责任公司

2021 年 6 月第 1 版 2023 年 8 月第 2 次印刷
787 毫米×1092 毫米 开本：1/16 印张：13
字数：276 千字

定价：32. 00 元
（如发现印装质量问题，我社图书营销中心负责调换）

前　言

随着社会工业化的不断发展，人类的生产、生活面临的风险日益多样化、复杂化，若风险预防控制不当，则可能演变成各类事故，严重影响着人们的生命健康、财产安全和生态环境。安全生产事关人民群众生命财产安全和社会稳定大局。近年来，在党中央、国务院的正确领导下，在各地区、各部门的共同努力下，全国安全生产状况保持了总体稳定、持续好转的发展态势，但安全生产形势依然严峻，重特大事故时有发生。习近平总书记指出，接连发生的重特大安全生产事故，造成重大人员伤亡和财产损失，必须引起高度重视，人命关天，发展决不能以牺牲人的生命为代价。这必须作为一条不可逾越的红线。安全生产关系群众切身利益，要站在推进以改善民生为重点的社会建设的高度，坚持安全发展，强化安全生产管理和监督，有效遏制重特大安全事故，保障人民生命财产安全。

因此，加强对事故的预防和控制，减少和避免事故造成的损失，不仅是现代企业管理的重要内容，也是保障社会和谐稳定发展的必要手段。在学术领域，事故预防和控制是安全学科的研究对象；在实践领域，事故预防和控制是安全工作的目标。因此，要预防事故，必须要分析事故原因，其过程要求事故（即分析对象）的含义必须明确；要控制事故，必须从技术保障、管理措施、制度文化、组织资源等多维度构筑安全保障体系。

在对企业和院校进行调研的过程中发现，可供选择的事故预防及控制方面的教材并不多，缺少系统安全科学观的普及性读物，因此，本书系统梳理了事故、风险及隐患相关概念，结合风险管理理论，解释了事故预防及控制的关键环节，使读者了解如何通过安全技术、安全管理及文化建设预防事故发生，了解事故发生后如何开展应急救援处置，并进行事故调查，最后通过一些事故案例进行相关理论技术的呈现说明。

本书由康健、张继信任主编，代濠源、王强任副主编。参加编写人员还有胡守涛、宋冰雪、王利丹、黄东阳、李凯、李毛毛等，还得到了北京城市系统工程研究中心尤秋菊的指导。具体编写分工如下：第 1 章和第 2 章由北京石油化工学院康健编写，第 3 章和第 4 章由北京石油化工学院张继信编写，第 5 章和第 7 章由北京石油化工学院代濠源编写，第 6 章由北京劳动保障职业学院王强编写。全书由康健统稿。

全书层次分明、通俗易懂，系统梳理了事故、风险及隐患相关概念，结合风险管理理论，解释了事故预防及控制的关键环节，使读者了解如何通过安全技术、安全管理及文化建设预防事故发生，了解事故发生后如何开展应急救援处置，并进行事故调查，通过典型事故案例进行相关理论技术的呈现说明。希望通过本书的抛砖引玉，引发大家一起思考如何从系统化角度全面预防和控制安全生产事故。

由于编者水平有限，书中难免存在一些不足甚至错误，诚望广大读者批评指正。

编者

2021 年 3 月

目　录

第1章 绪论

1.1 事故

1.1.1 事故的基本概念

事故（accident）通常定义为意外的变故或灾祸，即工程建设、生产活动与交通运输中发生的意外损害或破坏。美国安全工程师协会（ASSE）对事故定义如下：事故是人们在实现其目的的活动过程中，突然发生的、迫使其有目的的行动暂时或永久中断，并造成人身伤亡或设备毁损的一种意外事件。从上述定义中可以看出，事故的内涵包括以下特征：

（1）事故是一种发生在人类生产、生活活动中的特殊事件，人类的任何生产、生活活动中都可能发生事故。因此，人们若想活动按自己的意图进行下去，就必须采取措施防止事故。

（2）事故是一种突然发生的、出乎人们意料的意外事件。在一起事故发生之前，人们无法准确地预测什么时候、什么地方发生什么样的事故。这是由于事故发生的原因非常复杂，往往是许多偶然因素引起的。正是事故发生的随机性，使得认识事故、弄清事故发生的规律及防止事故发生成为一件非常困难的事情。

（3）事故是一种迫使进行着的生产、生活活动暂时或永久中断的事件。事故中断、终止活动的进行，必然给人们的生产、生活带来某种形式的影响。因此，事故是一种违背人们意志的事件，是人们不希望发生的事件。

（4）从事故的后果来看，事故这种意外事件除了影响人们的生产、生活活动顺利进行，往往有可能造成死亡、职业病、伤害、财产损失或环境污染等其他负面效应。

根据上述众多事故定义，在结合事故共性与生产系统本身特点的基础上确定了具体生产事故的定义。

生产事故是指在生产活动中，由于人们受到科学知识和技术力量的限制，或者由于认识上的局限，有的还不能防止或能防止而未有效控制出现的违背人们意愿的具有现象上偶然性、本质上必然性的事件序列；它的发生从结果上看具有随机性，即事故的发生可能迫使生产系统暂时或较长时间或永远中断运行，也可能伴随人员伤亡、财产损失和环境破坏，或者其中两者或三者同时出现。这一定义从内涵到外延对事故都给出了明确的标准。

简而言之，事故是在以人为主体的系统中，在为了实现某一意图而采取行动的过程中，突然发生的与人的希望和意志相反的事件。事故迫使人们必须依照一定的规则来设计、安排生产进程和生活方式。例如，煤矿企业的生产必须符合《煤矿安全规程》的规定，才能有效避免事故的发生。

1.1.2 事故发生的机理

事故是如何发生的？事故发生的内在源头在哪里？导致事故发生的外在因素又是什么？安全研究领域有多种多样的理论解释，其中，最初的事故频发倾向论，把事故的发生仅归咎到个别人的性格特征上，认为事故多发生在极个别人身上，这些人具有容易发生事故的、稳定的、个人内在的倾向，发生了事故就将违章者开除了事。这种理论虽然认识到在事故的发生中人是非常重要的因素，但单单强调人的因素，而忽视了除人之外的其他因素，不但失之偏颇，也违背科学。后来的事故遭遇倾向论则认为事故的发生不仅与个人因素有关，而且还与生产条件有关，是对事故频发倾向论的修正。

海因里希事故因果连锁理论认为，通过防止人的不安全行为、消除机械的或物质的不安全状态，中断事故连锁进程，便能够避免事故的发生。这些理论较之事故频发倾向论有了明显的进步，能够较为客观地解释导致事故发生的外在原因，即事故发生的客观条件问题；但对事故发生的内在原因，即事故发生的真正内在机理，并没有做出明确的解释。有关事故致因理论很多，除上述几种理论外，还有诸如能量意外释放论、轨迹交叉论、扰动论、人因系统论等，本书仅介绍第一种。

吉布森（Gibson）和哈登（Haddon）所提出的能量意外释放论认为，事故的根本致害物就是各种能量或有害物质意外释放。

生产过程伴随着各种能量形式（图 1.1），控制不当可能发生事故，如机械能可能导致撞击伤、夹伤等机械伤害，热能可能导致灼烧、中暑等，电能可能会干扰神经或电击伤亡等，声能可能会造成听力的损伤，化学能可能导致火灾爆炸，辐射能则可能致病，甚至发生癌变、胎儿畸形等，而一些工作场所高密度粉尘，轻则可致尘肺病，重则可能发生爆炸伤人。

能量意外释放论认为，是否会发生事故的外部条件在于能量或有害物质是否失去控制而意外释放。在正常情况下，只要能量在有效控制下按需释放，就能够发挥应有作用而不会引发事故发生，如核能发电，电能驱动电动机做功、电灯发光，辐射能通过特定通道辐射透视等，都发挥了其应有作用。只有当限制能量的约束失效或被破坏，造成能

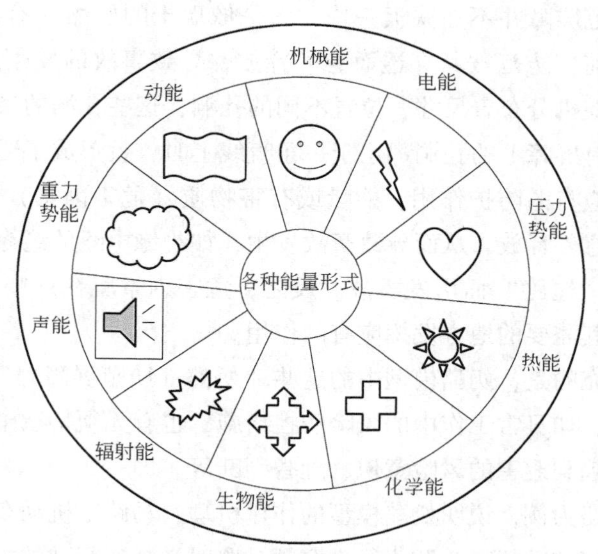

图 1.1 生产过程中常见能量形式

量或有害物质失去控制而意外释放时，才会导致事故发生。因此，事故发生的实质就是因失控而导致的非需能量或有害物质作用的结果，也就是能量或有害物质失去控制而意外释放所致。

归结起来，该理论认为，正常情况下，维持生产经营活动所需的一切能量或伴生的有害物质，在防范屏障的制约（或称约束）下做有序流转，到其需要的地方发挥应有的作用，或得到应有的处置，就不会发生事故。如果缺乏应有防范屏障或防范屏障出现问题，不能有效发挥防范、屏蔽作用，就会造成能量或有害物质意外释放（即失控）。如果这些失控的能量或有害物质直接作用于人、物、环境等敏感的实体之上，就意味着事故的发生（图 1.2）；否则，就属于未遂事故。能量意外释放论从能量流转的角度，既指出了事故发生的外部条件，也揭示了事故发生的内在机理，较之其他事故致因理论更为科学、合理，受到了业界专家的一致认可和广泛推崇。

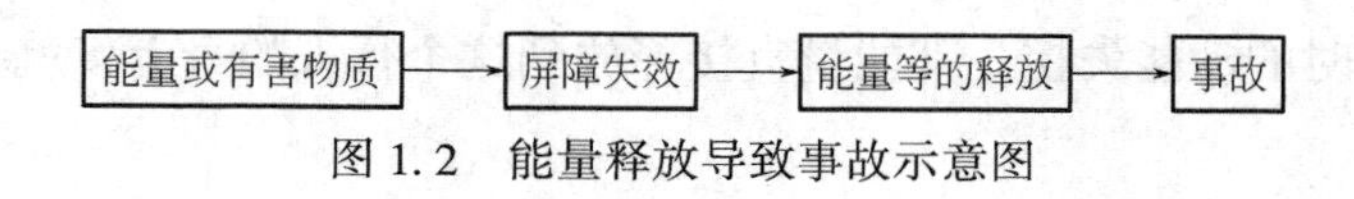

图 1.2 能量释放导致事故示意图

这里需要说明的是，屏障泛指所有能够防控能量或有害物质失控的措施、手段等，其中包含硬件性质的物理性防范屏障，但更多的是指抽象意义上各种形式的防控措施。

按照能量意外释放论观点，事故根本致因物是各种能量或有害物质，那么，能量或有害物质究竟是如何导致事故发生的呢？

为探求能量或有害物质究竟是如何失控的，其失控而引发事故的机理到底是什么，下面通过“瑞士奶酪模型”对事故发生的原因作进一步分析。

瑞士奶酪模型是由英国曼彻斯特大学的心理学家詹姆士·瑞森（James Reason）教授所提出来的，因此有时也叫“瑞森（Reason）模型”。该理论认为，防范能量或有害物质意外释放的防范屏障并不是铁板一块，而是像瑞士的奶酪（有漏洞）一样，层层遮挡在危害因素之前，防范被其穿透而意外释放，导致事故的发生。该理论进一步认为，每层奶酪上面随机分布着尺寸、位置不同的孔洞，这些孔洞的尺寸和位置在不断变动，当某一时刻所有屏障上的孔洞都位于一条直线上时，就形成了通路，这时所有的防范屏障也就失去了应有的防护作用，能量或有害物质（危害因素）就能够像光线一样穿透所有屏障而被意外释放，从而导致事故发生，如绝缘电线的绝缘包皮破损，其中的电流就可能会发生“短路”而引发事故。反之，危害因素就在这些“奶酪”屏障的遮挡下有序流动，到其需要的地方发挥应有的作用。

另外，需要补充的是，奶酪模型中的这些“奶酪（防范屏障）”，既有为防控发生而特意施加的屏障，如日常工作中的风险防控措施，也有无须特意施加而客观存在的自然屏障，如正常人趋利避害的风险意识、理智判断等。

现以行人过马路为例，说明奶酪模型的作用机理，马路上机动车辆川流不息，高速行驶的车辆具有很高的动能，为防止行人穿越马路时被高速行驶的机动车撞上而引发事故，每个路口都安装了红绿灯，并且交警、交通协管员在路口执勤。这些都是人为主观设置的防范屏障。除此之外，司机通过路口时的谨慎驾驶、行人过马路时的小心理智等，都是确保行人穿越马路时不被机动车辆撞上的自然屏障。正是由于这一道道屏障的作用，才使得许多过马路的行人安然无恙。但这些屏障不是铁板一块，而是像奶酪一样有许多“孔洞”，也就是防范屏障的缺陷，由于这些缺陷的存在，当危害因素把所有屏障都一一击破时，就会导致事故的发生。某地发生过这样一起交通事故：某日一行人因故心事重重，在过马路时，不但误闯红灯，而且在闯红灯过马路时由于心不在焉，没有注意观察来往车辆情况，同时，路口也没有交警与协管员执勤。这样，“红绿灯”、“执勤管理”以及“行人理智”多道屏障就都失去了应有的作用。与此同时，驾车通过红绿灯路口的这位司机又是新手，看到这种突发状况，慌忙去踩刹车，却误把油门踏板当成了刹车。这样“司机谨慎”这道屏障也因其技术欠佳而失去了作用。这样，“红绿灯”“执勤管理”“行人理智”“司机谨慎”等所有防范屏障都被一一突破而失去作用，使机动车辆行驶时的动能失控，其能量直接释放到这个行人的身上，就导致了这起交通惨剧发生。

1.1.3 事故的特点

从现代社会安全事故发生的规律来看，安全事故几乎渗透到人们生产和生活的各个方面。研究事故的性质及其发展规律，有助于减少事故的发生和带来的损失，提高突发事件应急管理能力。为此，需要对事故进行深入调查和分析，由事故特性入手寻找根本原因和发展规律。大量的事故统计结果表明，事故具有以下四个重要特性或规律。

1. 普遍性

自然界中充满着各种各样的危险，人类的生产、生活过程中也总是伴随着危险。所以，发生事故的可能性普遍存在。危险是客观存在的，在不同的生产、生活过程中，危险性各不相同，事故发生的可能性也就存在着差异。

2. 偶然性

从某种意义上讲，伤亡事故属于在一定条件下可能发生也可能不发生的随机事件。这种随机性就是指事故发生的偶然性，事故的偶然性是客观存在的，与人们是否了解事故的原因没有必然的联系。事故的偶然性决定了人们不可能掌握所有事故的发展规律，杜绝所有事故的发生。如因果关联性所述，事故是客观存在的某种不安全因素演进或某些不安全因素共同作用的结果，是不安全因素随时间进程产生变化表现出来的一种现象。因此在一定范畴内，采用一定的科学理论，使用一定的科学仪器或手段，可以找出近似的规律，从外部和表面上的联系，找到内部决定性的主要关系，也即从偶然性中找出必然性，认识事故发生的规律性，把事故消除在萌芽状态，变不安全条件为安全条件，化险为夷。这也就是防患于未然、预防为主的科学意义。

3. 因果关联性

一切事故的发生都是由一定原因引起的，事故的起因乃是它和其他事物相联系的一种表现形式，是相互联系的各种不安全因素或潜在危险因素相互作用的结果。在生产过程中存在着诸多危险因素，不但有人的因素（包括人的不安全行为和管理缺陷），也有物的因素（包括物本身存在的不安全因素及环境存在的不安全条件等）。所有这些在生产过程中通常被称为隐患，它们在一定的时间和地点下相互作用就可能导致事故的发生。事故的因果关联性也是事故必然性的反映，若生产过程中存在隐患，则迟早会导致事故的发生。在这一关系上看来是“因”的现象，在另一关系上却会以“果”出现，反之亦然。因果关系有继承性，即第一阶段的结果往往是第二阶段的原因。

造成事故的直接原因（或物体）是比较容易掌握的，这是由于它所产生的某种后果显而易见。然而，要寻找出事故发生的内在因素经过什么样的过程而造成这样的结果，却非易事。因为事故的发生可能是多种不安全因素相互影响而间接作用的结果，因此，事故发生后，应深入剖析其根源，找出事故的致灾因子，从而提出针对性的防范措施。

4. 潜伏性

一般而言，突发事故往往都是突然发生的，但是事故发生之前有一段潜伏期。导致事故发生的因素，即“隐患或潜在危险”早就存在，也就是说系统存在着事故隐患，具有危险性，只是未被发现或未受到重视而已。随着时间的推移，一旦条件成熟，被人的不安全行为或其他的因素触发，就会显现而酿成事故。事故的潜伏性还说明一个重要问题，即事故具有一定的预兆性，事故在发生之前一般都会有预兆发生。所以安全管理中的安全检查、检测与监控，就是寻找事故潜伏的事故预兆，从而全面地根除事故。

通过对过去发生的同类事故资料的收集、整理、分析，运用科学的方法和手段，可以总结出事故发生的基本规律，分析可能导致事故发生的危险因素及它们的因果关系，模拟诱发事故的各种因素的演变过程，就可以对未来可能发生的事故进行预测。从而为预防事故和最大限度地减少事故发生提供基本的前提和可能性。

根据系统论的观点，生产是在一定的环境条件下，通过管理、组织职工利用所需的物质条件（材料、机器、设备、设施……）进行作业的活动。在一定环境条件下的生产过程中，管理上的缺陷加上物的不安全状态即形成事故隐患，若存在人的不安全行为触发事故隐患，则会发生伤害事故。事故形成的四个条件可用集合公式表示为：

事故＝{环境的不安全条件，管理上的缺陷，物的不安全状态，人的不安全行为}　(1.1)

在“人、管理、物、环境”系统中，各因素之间的关系如图1.3所示。从图中可以看出，在四个因素中，人的因素处于中心位置，是主导因素；管理因素是关键；物的因素是根据；环境因素是条件。

人、管理、物、环境四个因素是相互关联的，就像一个正方形的构成一样，一边长的话，另三边也长，但起决定性作用的是管理（图1.4）。

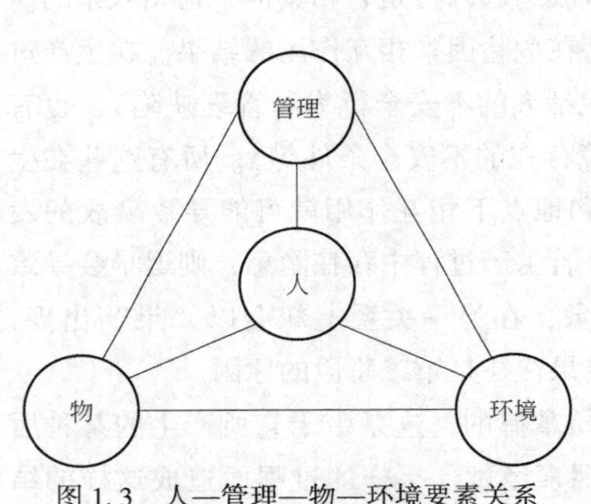

图1.3　人—管理—物—环境要素关系

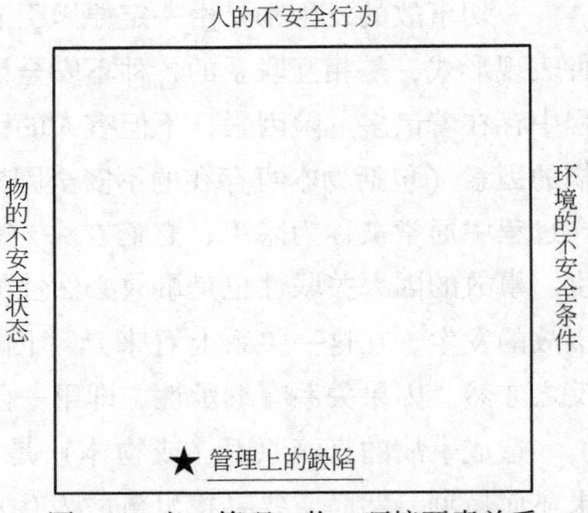

图1.4　人—管理—物—环境要素关系

1.1.4　事故的分类

1. 分类的一般方法

一种是人为的分类，它是依据事物的外部特征进行分类，为了方便，人们把各种商品分门别类，陈列在不同的柜台里，在不同的商店出售。这种分类方法，可以称之为外部分类法。另一种是根据事物的本质特征进行分类。无论是外部特征，还是本质特征，都是事物的属性。当然，事物的属性是多方面的。分类方法被应用于社会生活的各个领域。哪里有丰富多样的事物哪里就需要进行分类。

2. 安全生产事故分类

安全生产事故分类的一般方法有以下两种：

（1）经验式的实用主义的上行分类方法，是由基本事件归类到事件的方法。

（2）演绎的逻辑下行分类方法，是由时间按照规律逻辑演绎到基本事件的方法。

对安全生产事故分类采用何种方法，要视表述和研究对象的情况而定。一般遵守以下原则：最大表征事故信息原则；类别互斥原则，有序化原则；表征清晰原则。

事故的分类主要是指企业职工伤亡事故的分类，伤亡事故分类总的原则是：适合国情，统一口径，提高可比性，有利于科学分析和积累资料，有利于安全生产的科学管理。

3. 常见的事故分类

1）按造成的人员伤亡或者直接经济损失分类

根据2011年11月1日起施行的《生产安全事故报告和调查处理条例》，生产安全事故（以下简称事故）按造成的人员伤亡或者直接经济损失分类见表1.1。

表1.1 按造成的人员伤亡或者直接经济损失分类表

类别	伤害程度
特别重大事故	30人以上死亡，或者100人以上重伤（包括急性工业中毒，下同），或者1亿元以上直接经济损失的事故
重大事故	10人以上30人以下死亡，或者50人以上100人以下重伤，或者5000万元以上1亿元以下直接经济损失的事故
较大事故	3人以上10人以下死亡，10人以上50人以下重伤，或者1000万元以上5000万元以下直接经济损失的事故
一般事故	3人以下死亡，或者10人以下重伤，或者1000万元以下直接经济损失的事故

2）按事故发生的行业分类

根据2017年国家安全生产监督管理总局印发的《生产安全事故统计报表制度》，按照事故发生的行业，可将事故分为11类，即：煤矿事故、金属与非金属矿事故、工商企业（建筑业、危险化学品、烟花爆竹）事故、火灾事故、道路交通事故、水上交通事故、铁路运输事故、民航飞行事故、农业机械事故、渔业船舶事故及其他事故。

3）按伤害程度分类

按照个体伤害程度对事故分类见表1.2。

表1.2 按照个体伤害程度对事故分类表

事故分类	对个体的伤害程度
重大人身险肇事故	指险些造成重伤、死亡或多人伤亡的事故。下列情况包括在内： （1）非生产区域、非生产性质的险肇事故； （2）虽发生了生产或设备事故，但不至于引起人身伤亡的事故； （3）一般违章行为
轻伤	职工受伤后歇工满一个工作日以上，但未达到重伤程度的伤害

续表

事故分类	对个体的伤害程度
重伤	凡有下列情况之一者均列为重伤： (1)经医生诊断为残废或可能为残废者。 (2)伤势严重，需要进行较大手术才能挽救的。 (3)人体部位严重烧伤、烫伤或虽非要害部位但烧伤部位占全身面积三分之一以上。 (4)严重骨折，严重脑震荡重伤。 (5)眼部受伤较重，有失明可能。 (6)手部伤害：大拇指轧断一节的、其他四指中任何一节轧断两节或任何两指各轧断一节的；局部肌肉受伤甚剧，引起功能障碍，有不能自由伸屈的残废。 (7)脚部伤害：脚趾轧断三节以上；局部肌肉受伤甚剧；引起机能障碍，有不能行走自如残废可能的。 (8)内脏伤害：指内出血或伤及腹膜等。 (9)不在上述范围的伤害，经医生诊断后，认为受伤较重，可参照上述各点，由企业提出初步意见，报当地安全生产监督管理机构审查确定
死亡	第六届国际劳工统计会议规定，造成死亡或永久性全部丧失劳动能力的每起事故相当于损失7500个工作日，其条件是假定死亡或丧失劳动能力者的平均年龄为33岁，死或残后丧失了25年劳动时间，每年劳动300天，则损失的工作日数为300×25＝7500(工作日)

4）按《企业职工伤亡事故分类标准》分类

按国标GB 6441—1986《企业职工伤亡事故分类》，事故类别见表1.3。

表1.3　按照个体伤害程度对事故分类表

序号	分类项目	序号	分类项目	序号	分类项目	序号	分类项目
01	物体打击	06	淹溺	11	冒顶片帮	16	锅炉爆炸
02	车辆伤害	07	灼烫	12	透水	17	容器爆炸
03	机械伤害	08	火灾	13	放炮	18	其他爆炸
04	起重伤害	09	高处坠落	14	火药爆炸	19	中毒和窒息
05	触电	10	坍塌	15	瓦斯爆炸	20	其他伤害

5）按事故管理原因分类

根据事故致因原理，将事故原因分为三类，即人为原因、物及技术原因、管理原因。按照管理原因进行的事故分类见表1.4。

表1.4　按照管理原因对事故分类表

序号	分类项目	序号	分类项目
01	作业组织不合理	07	机构不健全或人员不符合要求
02	责任不明确或责任制未建立	08	现场违章指挥或纵容违章作业
03	规章制度不健全或规章制度不落实	09	缺乏监督检查
04	操作规程不健全或操作程序不明确	10	事故隐患整改不到位
05	无证经营或违法生产经营	11	违规审核验收、认证、许可
06	未进行必要安全教育或教育培训不够	12	其他

6）按事故起因物分类

根据《生产安全事故统计报表制度》，事故按起因物分类见表1.5。

表 1.5 按照起因物对事故分类表

序号	分类项目	序号	分类项目
01	锅炉	15	煤
02	压力容器	16	石油制品
03	电气设备	17	水
04	起重机械	18	可燃性气体
05	泵、发动机	19	金属矿物
06	企业车辆	20	非金属矿物
07	船舶	21	粉尘
08	动力传送机构	22	梯
09	放射性物质及设备	23	木材
10	手工具(非动力)	24	工作面(人站立面)
11	电动手工具	25	环境
12	其他机械	26	动物
13	建筑物及构筑物	27	其他
14	化学品		

7）按事故致害物分类

根据《生产安全事故统计报表制度》，事故按致害物分类见表 1.6。

表 1.6 按照致害物对事故分类

序号	分类项目	序号	分类项目
01	煤、石油产品	13	化学品
02	木材	14	机械
03	水	15	金属件
04	放射性物质	16	起重机械
05	电气设备	17	噪声
06	梯	18	蒸汽
07	空气	19	手工具(非动力)
08	工作面(人站立面)	20	电动手工具
09	矿石	21	动物
10	黏土、砂、石	22	企业车辆
11	锅炉、压力容器	23	船舶
12	大气压力		

8）按事故人为原因分类

人为原因是指人的不安全行为导致事故发生，按照人为原因导致的事故进行分类见表 1.7。

表 1.7　按照人为原因对事故分类表

序号	分类项目	序号	分类项目
01	操作错误、忽视安全、忽视警告	08	在起吊物下作业、停留
02	造成安全装置失败	09	机器运转时加油、维修、检查、调整、焊接、清扫等工作
03	使用不安全设备	10	有分散注意力行为
04	手代替工具操作	11	在必须使用个人防护用品用具的作业或场合中，忽视其使用
05	物品存放不当	12	不安全装束
06	冒险进入危险场所	13	对易燃、易爆等危险物品处理错误
07	攀、坐不安全位置		

9）按事故不安全状态分类

物及技术原因是指由于物及技术因素导致事故发生，也就是导致事故发生的不安全状态，分类见表 1.8。

表 1.8　按照不安全状态对事故分类

序号	分类项目	序号	分类项目
01	防护、保险、信号等装置缺乏或有缺陷	03	个人防护用品用具缺少或有缺陷
02	设备、设施、工具、附件有缺陷	04	生产（施工）场地环境不良

10）按事故伤害部位分类

事故按身体伤害的部位分类见表 1.9。

表 1.9　按照身体伤害部位对事故分类表

类	代号	分类名	说明
1. 头部	11	头盖部	包括头盖骨、脑及头皮
	12	眼	包括眼窝及视神经
	13	耳	
	14	口	包括唇、齿、舌
	15	鼻	
	16	脸	其他不分类部分
	17	头部复合部位	
2. 颈部	21	颈部	包括咽喉及颈骨
3. 躯干	31	躯干	
	32	背部	包括脊柱、邻接的肌肉及骨髓
	33	胸部	包括肋骨、胸骨及胸部内脏
	34	腹部	包括内脏
	35	腰部	
	36	躯干复合部位	

续表

类	代号	分类名	说明
4. 上肢	41	肩	包括锁骨及肩胛骨
	42	上臂	
	43	肘	
	44	前臂	
	45	手腕	
	46	手	除手指
	47	手指	
	48	上肢复合部位	
5. 下肢	51	臀部	
	52	大腿	
	53	膝	
	54	小腿	
	55	脚腕	
	56	脚	除脚趾
	57	脚趾	
	58	下肢复合部位	
6. 复合部位	61	头部和躯干、头部和肢体	仅应用于不同部位受多种伤害且没有一种明显较其他严重时。如果某种伤害比其他伤害更严重,则按此种伤害的部位分类
	62	躯干和肢体	
	63	上肢和下肢	
	65	其他复合部位	
7. 人体系统	71	血液循环系统	指某人体系统功能受到影响,为一般的伤病而无特定伤害(如中毒)时。如身体系统功能受影响是由特定部位的伤害造成,不在此列。例如脊柱的断裂引起脊髓受伤,伤害部位应为脊柱

4. 国际上对事故的分类

国际劳工组织(ILO)对职业事故的分类方法如下。

(1)按事故形式分为:职业事故、职业病、通勤事故、危险情况和事件。

(2)按事故类型分为:坠落人员、坠落物体打击、脚踏物体和撞击物体打击、卡在物体上或物体间、用力过度或过度动作、暴露或接触过低过高温度、触电、接触有害物或辐射及其他。

(3)按致害因素分为:机械、运输工具和起重设备、其他设备、材料物质和辐射、作业环境及其他。

(4)按事故程度分为:死亡事故、非致命事故。死亡事故按30天内死亡人数、30~365天内死亡人数划分;对非致命事故按无时间损失事故、3日内损失事故和3日以上损失事故划分。

国际劳工组织的事故分类还有按伤害性质分为9类；按受伤部位分为7类等。

1.2 风险

1.2.1 风险概述

1. 风险的基本概念

天有不测风云，人有旦夕祸福，生产和生活中充满了来自自然和人为（技术）的风险（Risk）。安全风险是指安全不期望事件概率（Probability）与其可能后果严重程度（Severity）的结合。

对于风险的定义有多种。

定义1：风险是指目标的不确定性产生的结果。

（1）这个结果是与预期的偏差——积极和/或消极。

（2）目标可以有不同方面（如财务、健康和安全以及环境目标），可以体现在不同的层面（如战略、组织范围、项目、产品和流程）。

（3）风险通常被描述为潜在事件和后果，或它们的组合。

（4）风险往往表达了对事件后果（包括环境的变化）与其可能性概率的联合。

定义2：风险是指对于给定地区及指定时间段，由特定危险而造成的预期（生命、人员受伤、财产受损和经济活动中断的）损失。按数学计算，风险是特定灾害的危险概率与易损性的乘积。

定义3：风险是指可能发生的危险。

定义4：事故风险（Accident Risk）从定性上说，指某系统内现存的或潜在的可能导致事故的状态，在一定条件下，它可以发展成为事故。从量上说，事故风险指由危险转化为事故的可能性，常以概率表示，事故风险通常被用来描述未来事件可能造成的损失，就是说它总涉及不可靠性和不能肯定的事件。

在工业生产系统中，风险是指特定危害事件或事故发生的概率与后果的结合。风险是描述技术系统安全程度或危险程度的客观量，又称风险度或风险性。风险R具有概率和后果的两重性，风险可用不期望事件发生概率p和事件后果严重程度l的函数来表示：

$$R=f(p \cdot l) \tag{1.2}$$

式中，p为不期望事故或事故发生的可能性（发生的概率）；l为可能发生事故后果的严重性。

事故发生的可能性p涉及4M因素：人因（Men）——人的不安全行为；物因（Machine）——机器的不安全状态；环境因素（Medium）——环境的不良状态；管理因素（Management）——管理的欠缺。因此有

$$概率函数\ p=f(人因,物因,环境因素,管理因素) \tag{1.3}$$

可能发生事故后果的严重性 l 涉及时机因素、客观的危险性因素（损害对象规模等）、环境条件（区位及现场环境）、应急能力等。因此有

$$事故后果严重度函数\ I=F(时机,危险,环境,应急) \tag{1.4}$$

式中，时机为事故发生的时间点及时间持续过程；危险为系统中危险的大小，由系统中含有能量、规模决定；环境为事故发生时所处的环境状态或位置；应急为发生事故后应急的条件及能力。

在实际的风险分析工作中，有时人们主要关心事故所造成的损害（损失及危害）后果，并把这种不确定的损害的期望值称为风险。这可谓狭义的风险，即当 $p-1$ 时，风险 R 可写为

$$R-E(l) \tag{1.5}$$

同理，当 $l=1$ 时，风险 R 是事件 X 的概率，则有

$$R=p(X) \tag{1.6}$$

2. 风险的相关术语

（1）危险（Hazard）是指可能产生潜在损失的征兆。它是风险的前提，没有危险就无所谓风险。风险由两部分组成：一是危险事件出现的概率；二是一旦危险出现，其后果严重程度和损失的大小。如果将这两部分的量化指标综合，就是风险的表征，称为风险。危险是客观存在的，是无法改变的，而风险却在很大程度上随着人们的意志而改变，也即按照人们的意志可以改变危险出现或事故发生的概率和一旦出现危险可以改进防范措施从而降低损失的程度。

（2）风险因素：指可能导致事故概率上升或者事故后果更为严重的潜在原因，是事故发生的间接原因。

（3）风险成本：指风险管理过程中或者风险事故发生后，人们必须支付的费用或者经济利益的减少，分为有形成本和无形成本。

（4）风险态度：指由于受人的知识水平、价值观、性格、生活经验等的影响，人们对承受风险的态度存在差异，包括风险厌恶、意外损失，非故意的、非预期的和非计划的人员、物质、经济等的伤害。

3. 风险预报

风险预报也称风险报警，是指对风险的预先辨识报告，需要全员参与，是风险预警、预控的基础。风险预报的方式有现场监控技术自动报警、网络管理信息自动报警、现场作业人员主动报警、部门管理人员专业报警等。

4. 风险预警

风险预警是指对风险的预先警示，一般是安全专业人员根据风险性质作出的专业化警告。风险预警是风险预控的根据。风险预警的对象及方式有：对决策层预警，网络查询方式；对管理层预警，网络查询方式；对操作层预警，报警及时反应方式。

5. 风险预控

风险预控是指对风险的预先管理性防控措施。风险预控的措施有：决策型预控——规划改进、治理、完善方案，以及启动应急预案等；管理型预控——规制、监督、检查、评估、审核等；反应型预控——操控、处置、逃生、救援等。

1.2.2 风险的分类

风险具有不同属性和特性，从不同的属性将风险进行不同的分类。对风险进行全面的分类学研究，对于了解风险特性和本质具有重要的作用。

1. 按损失承担者分类

个人风险：指个人所面临的各种风险，包括人身伤亡、财产损失、情感圆满、精神追求、个人发展等。

家庭风险：指家庭所面临的各种风险，包括家庭成员的精神和身体健康、家庭的财产物质保证、家庭的稳定性等。

企业风险：指企业所面临的各种风险。企业是现代经济的细胞，因此围绕企业发展的相关课题得到了广泛的研究。近些年来，随着市场竞争的日趋激烈，企业风险管理引起了学者和企业决策人员的高度重视。

政府风险：指政府所面临的各种风险，如政府信任危机、政治丑闻、政治垮台等。

社会风险：指整个社会所面临的各种风险，如环境污染、水土流失、生态环境恶化等。

2. 按风险的损害对象分类

人身风险：指人员伤亡、身体或精神的损害。

财产风险：包括直接风险和间接风险（例如由于业务和生产中断、信誉降低等造成的损失）。

环境风险：指环境破坏，对空气、水源、土地、气候和动植物等所造成的影响和危害。

3. 按风险的来源分类

自然风险：指自然界存在的可能危及人类生命财产安全的危险因素所引发的风险，如地震、洪水、台风、湖风、海啸、恶劣的气候、陨石、外星球与地球的碰撞、病毒、病菌等。

技术风险：泛指由于科学技术进步所带来的风险，包括各种人造物，特别是大型工业系统进入人类生活带来了巨大的风险，如化工厂、核电站、水坝、采油平台、飞机轮船、汽车火车、建筑物等；直接用于杀伤人的战争武器，如原子弹、生化武器、火箭导弹、大炮坦克、战舰航母等；新技术对人类生存方式、伦理道德观念带来的风险，如在1997年引起轩然大波的“克隆”技术，Internet 对人类的冲击等，其中，工业系统风险是技术风险的主要内容，也是主要管理对象。

社会风险：指社会结构中存在不稳定因素带来的风险，包括政治、经济和文化等方面。

政治风险：指国内外的政治行为所导致的风险，如国家战争、种族冲突、国家动乱等。

经济风险：指在经济活动中所存在的风险，如通货膨胀、经济制度改变、市场失控等。

文化风险：如腐朽思想、不良生活习惯（如酗酒、吸烟、吸毒等）对人们身心健康的影响。

行动风险：指由于人的行动所导致的风险。所谓"天下本无事，庸人自扰之""一动不如一静""动辄得咎"等，都是指人们面临的许多风险是自己的行为导致的。另外，人们为了追求某种利益，必须采取一定行动，并承担一定风险。

上述划分不是绝对的，事实上，现在出现了"自然—技术—社会—行动风险"一体化的综合风险的趋势。例如环境污染，既有大自然变化的因素，也有技术进步带来的负面因素，更有一些社会经济决策失误的因素。

4. 按风险的存在状态分类

固有风险：指系统本身客观固有的风险。对于特定的系统，固有风险是客观不变的。

现实风险：指系统在约束条件下，对个体或社会的现实风险影响。现实风险是变化动态的。

5. 按风险的影响范围分类

个体风险（单一对象）：指个人或单一对象所面临的风险，包括人身安全、财产安全、系统破坏等。

社会风险（综合影响）：指整个社会所面临的各种风险，如群体伤害、社区危害、环境污染、水土流失、生态环境破坏等。

6. 按风险的意愿分类

自愿风险：指个人、社会或企业自愿承担的风险，如事故应急处置状态下的风险，有刺激的娱乐活动、抽烟等，都是自愿风险。对于自愿风险，人们可承受的风险水平较高。

非自愿风险：指个人、社会、企业不愿意承担的风险。安全生产类风险，如各类事故、隐患、缺陷、违规等不期望事件，都是非自愿风险。对于非自愿风险，政府、社会和企业的控制责任较大，可接受的水平较低。

7. 按风险的程度分类

一般风险：发生可能性较低，造成的影响或损失较小的风险。

较大风险：发生可能性较大，造成的影响或损失较大的风险。

重大风险：发生可能性特大，造成的影响或损失特别重大的风险。

也可将风险等级分为红、橙、黄、蓝 4 级，风险的控制措施要根据级别高低进行有效的设计和实施。

8. 按风险的表象分类

显现风险：指再现出形式或后果的风险状态，如停电、触电、坠落、噪声、中毒、泄漏、火灾、爆炸、坍塌、踩踏等突发事件及危害因素。

潜在风险：指存在于潜在或隐形的风险状态，如异常、超负荷、不稳定、违章、环境不良等危险状态及因素。

9. 按风险的状态分类

静态风险：指风险的存在状态不随时间或空间的变化而变化的风险，如隐患、缺陷、坠落、爆炸、物击、机械伤害等不随时间变化的风险。

动态风险：指风险的存在状态随时间或空间的变化而变化的风险，如火灾、泄漏、中毒、水害、异常、不稳定、环境不良等随时间变化的风险。

10. 按风险的时间特征分类

短期风险：指存在时间较短的风险，如坠落、爆炸、物击、机械伤害、中毒、不安全行为、环境不良等发生过程短或存在时间不长的风险。

长期风险：指存在时间较长的风险，如隐患、缺陷、火灾、泄漏、水害、异常、不稳定等过程长或发展时间较长的风险。

11. 按风险引发事故的原因因素分类

人因风险：指风险成为引发事故的因素是人为因素的风险，如失误、三违、执行不力等。

物因风险：指风险成为引发事故的因素是设备、设施、工具、能量等物质因素。

1.2.3 风险评价原理

风险评价就是对生产过程和作业的风险源，包括危险危害因素、危险源、隐患、故障、事故等进行辨识和评估。风险源是指可能导致事故的潜在的、显现的不安全因素，风险源也称危险源，即广义的危险源。风险源的危险性评价包括对危险源自身危险性的评价及对危险源危害程度的评价等方面，风险源的危害程度与对风险源的控制效果有关。对风险源自身危险性的评价包括确认风险源和来自风险源的危险性。

根据罗韦（W. D. Rowe）在《危险性分析》中对危险性评价所下的定义，危险性评价包括危险性确认和危险程度评价两个方面。危险性确认在于辨识危险源和量化来自危险源的危险性。虽然定性辨识只能概略地区别危险源的危险程度，但这也是必要的。要更为精确地明确事故发生概率的大小及后果严重程度，则需要进行定量辨识。借助一些数学方法，可以将定性辨识转变为定量辨识，从而提高定性辨识的精确度。确认系统的危险性需对危险性进行反复校核，以确认是否存在新的危险。将反复校核过的危险性定量结果与允许界限进行比较，以确认危险程度。对采取控制措施后仍然存在的危险源的危险性再进行评价，以确认危险是否可以接受。

目前，应用较广泛的风险评价方法可分为定性评价方法、指数评价方法、概率风险评价方法 3 大类。

（1）定性评价方法：主要是根据作业人员的经验和判断能力对生产系统的工艺、设备、人员、环境、管理等方面的状况进行定性的评价。这类评价方法有安全检查表、故障类型和影响分析、预先危险性分析及危险可操作性研究等方法。这类方法在企业安全管理工作中被广泛使用，主要是因为其简单、便于操作、评价过程及结果直观。但是这类方法含有相当高的主观和经验成分，带有一定的局限性，对系统危险性的描述缺乏深度。

（2）指数评价方法：如美国道化学公司的火灾、爆炸指数法，英国帝国化学公司蒙德工厂的蒙德评价法，日本的六阶段风险评价法和我国化工厂的危险程度分级方法等。指数的采用使一些系统结构复杂、用概率难以描述其风险性的研究对象的安全评价有了一个可行的方法。这类方法操作简单，是目前应用较广泛的评价方法之一。风险评价要考虑事故发生频率和事故后果严重度两个方面的因素，通常情况下不容易确定数值，但是指数的采用就避免了事故概率及其后果难以确定的困难。但是，该方法在指标选取和参数确定等方面还存在着一定缺陷。

（3）概率风险评价方法：根据子系统或零部件的事故发生概率来求取整个系统的事故发生概率。一方面，这种方法对于结构简单、清晰、基础数据完整的相同元件的系统效果较好，如在航天、航空、核能等领域得到了广泛应用。另一方面，该方法要求数据充分、准确，分析过程完整，判断和假设合理。但是这种方法也存在一定的局限性。使用概率风险评价方法要以人机系统可靠性分析为基础。取得子系统和各零部件发生故障的概率数据，对于系统相对复杂、不确定性因素较多的评估对象，失误概率的估计十分困难。因此，这种评价方法一般情况下会耗费大量的人力、物力。

1. 相关原理

生产技术系统结构的特征和事故的因果关系是相关原理的基础。相关是两种或多种客观现象之间的依存关系。相关分析是对因变量和自变量的依存关系密切程度的分析。通过相关分析，人们透过错综复杂的现象测定其相关程度，提示其内在联系。系统危险性通常不能通过试验进行分析，但可以利用事故发展过程中的相关性进行评价。系统与子系统、系统与要素、要素与要素之间都存在着相互制约、相互联系的相关关系。只有通过相关分析才能找出它们之间的相关关系，正确地建立相关数学模型，进而对系统危险性作出客观、正确的评价。

系统的合理结构可用下式来表示：

$$E=\max F(X,R,C);S=\max\{S|E\} \tag{1.7}$$

式中，X 为系统组成要素集；R 为系统组成要素的相关关系集；C 为系统组成要素的相关关系的分布形式；F 为 X、R、C 的结合效果函数；S 为系统结构的各个阶层。

对于系统危险性评价来说，就是寻求 X、R、C 的最合理结合形式，即具有最优结合效果 E 的系统结构形式及在该条件下保证安全的最佳系统。

相关原理对于深入研究评价对象与相关事物的关系、对评价对象所处环境进行全面分析具有指导意义，它是因果评价方法的基础。

2. 类推评价原理

类推评价是指已知两个不同事件间的相互联系规律，则可利用先导事件的发展规律来评价迟发事件的发展趋势。其前提条件是寻找类似事件。如果两种事件有些基本相似时，就可以揭示两种事件的其他相似性，并认为两种事件是相似的。如果一种事件发生时经常伴随着另一事件，则可认为这两种事件之间存在某些联系，即相似关系。

3. 概率推断原理

系统事故的发生是一个随机事件，任何随机事件的发生都有着特定的规律，其发生概率是一客观存在的定值。所以，可以用概率来预测现在和未来系统发生事故的可能性大小，以此来评价系统的危险性。

4. 惯性原理

任何系统的发展变化都与其历史行为密切相关。历史行为不仅影响现在，而且还会影响到将来，即系统的发展具有延续性，该特性称为惯性。惯性表现为趋势外推，即以趋势外延推测其未来状态。惯性还表现为延续性。利用系统发展具有惯性这一特征进行评价，通常要以系统的稳定性为前提。但由于系统的复杂性，绝对稳定的系统是不存在的。

1.3 隐患

1.3.1 隐患的定义

《现代汉语词典》对隐患的解释是，潜藏着的祸患，即隐藏不露、潜伏的危险性大的事情或灾害。

事故隐患泛指生产系统中可导致事故发生的人的不安全行为、物的不安全状态和管理上的缺陷。为了预防事故的发生，在生产过程中，凭着对事情发生与预防规律的认识，制定生产过程中物的状态、人的行为和环境条件的标准、规章、规定、规程等，如果生产过程中物的状态、人的行为和环境条件不能满足这些标准、规章、规定、规程等，就可能发生事故。通常通过检查、分析可以发现、察觉事故隐患的存在。

隐患与风险是一对既有区别又有联系的概念。隐患、风险、事故的关系如图 1.5 所示。

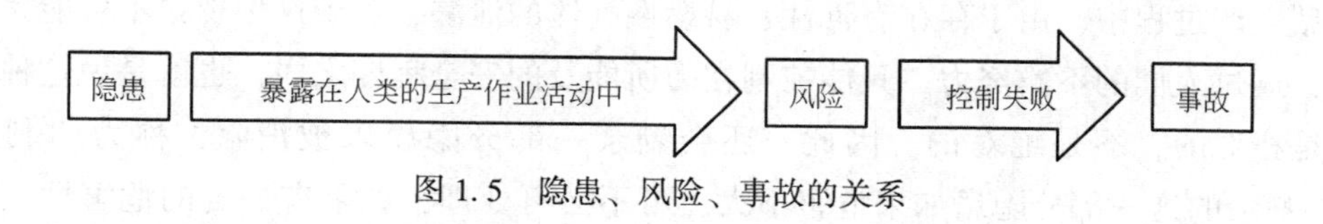

图 1.5 隐患、风险、事故的关系

1.3.2 隐患的分类

事故隐患分类非常复杂，它与事故分类有密切关系，但又不同于事故分类，本着尽量避免交叉的原则，综合事故性质分类和行业分类，考虑事故起因，可将事故隐患归纳为 21 类，即火灾、爆炸、中毒和窒息、水害、坍塌滑坡、泄漏、腐蚀、触电、坠落、机械伤害、煤与瓦斯突出、公路设施伤害、公路车辆伤害、铁路设施伤害、铁路车辆伤害、水上运输伤害、港口码头伤害、空中运输伤害、航空港伤害、其他类隐患等。

1.3.3 隐患排查步骤

（1）编制隐患排查计划，制定隐患排查表。排查表要有项目、内容。计划要结合实际，项目要具体，内容要全面。排查之后要能获取有价值的信息。

（2）组织检查人员，进行有效工作。根据检查要求挑选排查人员，隐患排查人员要有一定的专业知识和一定的工作经验，有对工作高度负责的责任心。

（3）实施隐患排查。查阅文件和记录，检查作业规程、安全技术措施、安全生产责任制以及相关记录等是否齐全、有效，是否在现场得到执行、落实。对生产作业现场进行观察，对所有生产人员、生产设备、安全设施、作业环境、操作行为等方面进行系统检查，查找人的不安全行为、物的不安全状况、环境的不安全状态以及事故征兆等。

（4）判断处理。隐患排查结束后，整理排查记录，找出存在的问题和隐患，进行分析评价，确定监控等级，提出整改意见，采取相应措施，跟踪复查验收，实现隐患管理闭环。

1.3.4 隐患评估原理

1. 剩余隐患

不论生产系统的固有危险度是大还是小，在生产系统的设计、建设、施工中，人们总是尽量地进行本质安全建设，设法消除各种事故隐患，使生产系统达到最佳的安全程度。这就是现在所进行的项目设立安全评价、项目建设安全条件评审、项目安全设施专篇评审、工艺过程危险和可操作性分析等工作。

生产系统中人员、机器、环境系统经过一系列的安全评价、评审和安全化建设之后，消除了一部分甚至是大部分隐患。但是由于我国现阶段还受到技术、经济、管理、人员素质等条件的限制，在工业生产中不可能将各类事故隐患彻底消除。例如，在危险化学品生产过程中，由于存在有毒性、易燃性气体的泄漏，对于这种现象不可能完全不发生，通过人们的不懈努力，只能控制在力所能及的安全程度之内，也就是说这种安全程度是相对的，不是绝对的。因此，还会剩余一部分隐患未被消除，称为“剩余隐患”。剩余的这一部分隐患如果危害不大，可不必再处理；如果有一定的危害性，则要进一步做适当的防护措施。但是对重大的、固有的危险源，如危险化学品生产企业的罐区，则需更严格的控制，即要求进行更高程度的人机环境系统本质安全化建设。例如，在危险化学品生产系统中 100t/h 的蒸汽锅炉要比 10t/h 的蒸汽锅炉的固有危险度大得多，对这两个不同级别的蒸汽锅炉就不能按同样的人机环境系统本质安全化水平去要求。显然，对于 100t/h 的蒸汽锅炉则要求其具有更高的本质安全化水平。

另外，人员、机器、环境系统经过本质安全化建设之后，还会在生产运行过程中产生随机不安全因素，对于这些随机产生的不安全因素需要进行安全化处理。

再者，已经经过本质安全化了的人机环境系统，经过一段时间运行之后，安全品质会发生下降，进入本质安全的恶化、弱化阶段，从而增大了剩余隐患和隐患导致事故的程度。

还有，即使原生产系统的事故隐患大部分已消除，还会随着技术的更新、设备的改造、新材料的使用以及人员的变更产生新的隐患，出现新的问题。何况，由于人们对客观事物认识的局限性，必然会有一些隐患尚未发现，因而未采取消除措施。

总之，在工业生产中，特别是危险化学品的生产中，不论科学技术和管理水平如何现代化，都不能完全消除事故的隐患。这说明人机环境系统本质安全水平是相对的，只能部分地消除隐患，必然有一部分隐患尚未被消除。

2. 隐患的可接受水平

在工业生产中，对于不同的危险源、不同的历史时期、不同的社会发展水平，对剩余隐患或遗留隐患的可接受水平是不同的，这里既有技术和经济的限制，也有道德和法律的原因。例如，对于核工业的安全要求就高于一般工业，对于危险化学品的安全生产要求也高于一般工业安全生产的要求。以可靠度而论，对于一般工业装备的可靠度要求为 0.999，而对于核装置和危险化学品装置的可靠度要求为 0.99999。其原因之一是人们对核装置和危险化学品有更大的心理恐惧和更高的道德要求；另一个原因是核设备和危化品生产设备的可靠度与安全度的相关程度远大于一般的工业装置。

3. 风险可接受标准的确定

1）人与社会可接受风险标准确定原则

（1）坚持“以人为本、安全第一”的理念。风险可接受标准是针对人员安全而设定的。根据不同防护目标处人群的疏散难易将防护目标分为低密度、高密度和特殊高密度三类场所，分别制定相应的个人可接受风险标准。将老人、儿童、病人等自我保护能力较差的特定脆弱性人群作为敏感目标优先考虑制定了相对严格的可接受风险标准。

（2）遵循与国际接轨，符合中国国情。我国新建装置的个人可接受风险标准在现有公布可接受风险标准的国家中处于中等偏上水平。由于我国现有在役危险化学品装置较多，并综合考虑其工艺技术、周边环境和城市规划等历史客观原因，可接受风险标准对在役装置设定的危险标准比新建装置相对宽松。

2）个人可接受风险标准

国际上通常采用国家人口分年龄段死亡率最低值乘以一定的风险可允许增加系数，作为个人可接受风险的标准值。如荷兰、英国、中国香港等均颁布了个人可接受风险标准，见表 1.10。

表 1.10　个人可接受风险标准表

国家或地区		个人可接受风险		
		医院等	居住区	商业区
荷兰	新建装置	1×10^{-6}	1×10^{-6}	1×10^{-6}
	在役装置	1×10^{-7}	1×10^{-7}	1×10^{-7}
英国（新建和在役装置）		3×10^{-7}	1×10^{-8}	1×10^{-8}
中国香港（新建和在役装置）		1×10^{-8}	1×10^{-9}	1×10^{-8}
新加坡（新建和在役装置）		1×10^{-8}	1×10^{-6}	5×10^{-7}
马来西亚（新建和在役装置）		1×10^{-8}	1×10^{-7}	1×10^{-8}
澳大利亚（新建和在役装置）		5×10^{-7}	1×10^{-8}	5×10^{-6}
加拿大（新建和在役装置）		1×10^{-8}	1×10^{-6}	1×10^{-7}
巴西	新建装置	1×10^{-6}	1×10^{-7}	1×10^{-8}
	在役装置	1×10^{-5}	1×10^{-6}	1×10^{-6}

我国与欧美国家相比，可利用土地资源缺乏、人口密度高、危险化学品生产储存装置密集，在确定风险标准时，一方面要考虑提供充分的安全保障，另一方面要考虑稀缺土地资源的有效利用。因此，对于普通民用建筑、一般居住场所的风险标准略宽松，但特殊高密度场所（大于 100 人）的风险标准较为严格。

我国不同防护目标的个人可接受风险标准是由分年龄段死亡率最低值乘以相应的风险控制系数得出的。根据第六次人口普查数据，10 岁至 20 岁之间青少年每年的平均死亡率 3.64×10^{-4} 是分年龄段死亡率最低值。风险控制系数的确定参考丹麦等国的相关做法，分别选定 10%、3%、1%和 0.1%应用于不同防护目标，是公众对意外风险可接受水平的直观体现。最终确定了我国个人可接受风险标准，见表 1.11。

表 1.11　我国个人可接受风险标准值表

危险化学品周围重要目标和敏感场所类别	我国个人可接受风险
(1)高敏感场所(如学校、医院、幼儿园、养老院等)； (2)重要目标(如党政机关、军事管理区、文物保护单位等)； (3)特殊高密度场所(如大型体育场、大型交通枢纽等)	$<3\times10^{-2}$
(1)居住类高密度场所(如居民区、宾馆、度假村等)； (2)公众聚集类高密度场所(如办公场所、商场、饭店、娱乐场所等)	$<1\times10^{-2}$

我国新建装置对居民区的个人可接受风险标准低于英国、新加坡、澳大利亚、荷兰、马来西亚、巴西的要求，但高于加拿大以及中国香港的要求。我国新建装置对于医院等高敏感场所的个人可接受风险标准与英国一致，高于所有其他发达国家或地区。我国新建装置对商业区等的个人可接受风险标准低于巴西、荷兰的要求，与英国、马来西亚、加拿大以及中国香港一致，高于新加坡和澳大利亚的要求。

对于在役装置，英国、新加坡、马来西亚、澳大利亚、加拿大以及中国香港都采取与新建装置一样的风险标准，荷兰和巴西则对在役装置的个人可接受风险标准比新建装置要求低，相差一个数量级。我国城区内在役装置要比新建装置（包括新建、改建和扩建装置）的风险标准更为宽松。但现有装置一旦进行改建和扩建则其整体要执行新建装置的风险标准，避免老企业盲目发展引发新的安全距离不足的问题。

3）社会可接受风险标准

社会可接受风险标准是对个人可接受风险标准的补充，是在危险源周边区域的实际人口分布的基础上，为避免群死群伤事故的发生概率超过社会和公众的可接受范围而制定的。通常用累积频率和死亡人数之间的关系曲线（$F-N$ 曲线）表示。社会风险曲线中横坐标对应的是死亡人数，纵坐标对应的是所有超过该死亡人数事故的累积概率，即 $F(30)$ 对应的是该装置造成超过 30 人以上死亡事故的概率，也就是特别重大事故的发生概率。

4. 事故隐患评估的概念公式

人们在生产过程中对事故隐患的排查治理的实践中，认识到隐患排查治理是有效防止和减少各类事故发生、保障人民群众生命财产安全的重要手段和方法，是贯彻落实“安全第一、预防为主、综合治理”安全生产方针、强化安全生产责任的重要战略。在工作实践中逐步摸索和总结出一套行之有效的方法，例如，对事故隐患评估的概念公式的建立就是佐证。

设：G 表示生产系统固有危险度，P 表示剩余隐患使系统固有危险转化为事故的概率，S 表示人机环境系统剩余隐患的危险度，g 表示可接受隐患的危险度，d 为待控制的生产系统固有危险度，y 为待控制的人机环境系统事故隐患（简称隐患），则有

$$S=PG \tag{1.8}$$

当 $S>g$，有

$$D=S-g=PG-g \tag{1.9}$$

构成生产系统待控制固有危险源 d 的，是人机环境中系统的待消除隐患 y，生产系统中 d 越大，则人机环境系统中的待消除隐患 y 越大，d 和 y 是对应趋同的关系。在隐患排查治理工作中，除了安全设计、配备安全装置以外，想方设法消除生产系统中的 d，从而减少人机环境系统中的 y，使 d 和 y 趋近于零，则是隐患排查治理的理想状态，也是安全生产的终极目的。

习题及思考题

1. 简单事故的内涵特征。
2. 事故有哪些特点？
3. 简述风险分类方法。
4. 什么是风险评价？常用的风险评价方法有哪些？
5. 简述隐患排查步骤。

风险管理

2.1 风险管理定义

风险管理（risk management）是指通过对风险进行系统辨识、衡量和分析后，选择最有效的方式，主动地、有目的地、有计划地处理风险，以最小成本争取获得最大安全保障的管理方法。良好的风险管理有助于降低决策错误的概率，提高企业本身的附加价值。如果识别风险并在必要的情况下采取降低风险的行动，调查风险如何随着时间发生变化，实际上就是在进行“风险管理”。

2.1.1 风险管理内容

风险管理目标是识别、分析和评价系统当中或者与某项行为相关的潜在危险的持续管理过程，寻找并引入风险控制手段，消除或者至少减轻这些危险对人员、环境或者其他资产的潜在伤害。

风险管理的定义在各种指南和教科书中也略有不同。一些书籍强调，风险管理是一种主动的系统性方法，可以在不确定的环境下设定行动的最佳步骤，同时还需要解决各方在沟通中的风险问题（可参阅加拿大财政局 2001 年的报告）。

图 2.1 给出了风险管理的基本元素。

2.1.2 风险管理过程

风险管理是一个连续的管理过程，通常包含图 2.2 中所列出的五大基本元素（参考美国宇航局 NASA2008 年的报告）。

识别：在管理风险之前，必须要识别出危险和潜在的危险事件。识别的过程就是在问题浮出水面之前发现它们，同时还要对问题进行陈述，描绘出危险事件是什么，何时、何地、如何发生，以及发生的原因。

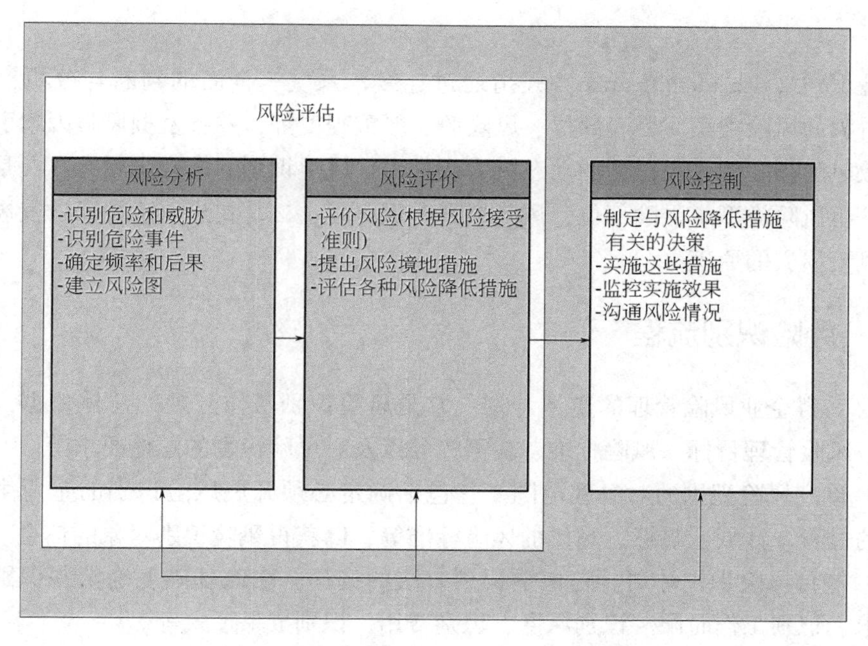

图 2.1　风险分析、评价、评估和管理图

分析：在这里，分析意味着将数据转化为与风险相关的决策支持信息。这些数据可能是危险事件的概率，或者事件发生造成后果的严重程度。这些分析可以作为企业为关键性风险元素排序的基础。

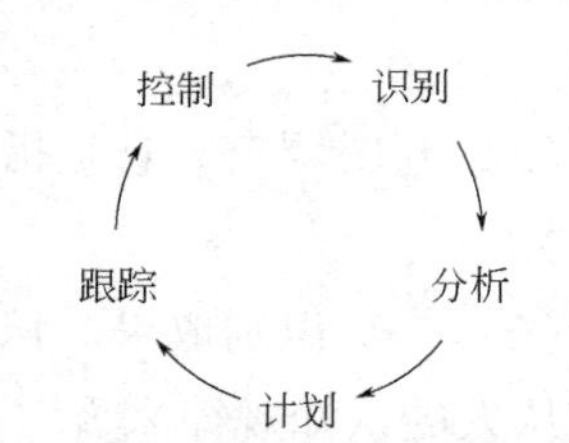

图 2.2　连续风险管理过程图

计划：在此步骤中，风险信息被转化为决策和行动。计划包括确定处理每一个危险的方案，为风险降低工作排序，以及制定完整的风险管理计划。风险行动计划的关键，是要考虑今天所做的决策对未来的影响。

跟踪：跟踪包括监控风险级别和降低风险的行动，需要找出合适的风险降低方法并进行监控，保证可以对风险状态进行评价。

控制：在这一步当中，需要执行先前提出的风险降低措施，并进行控制。该步骤可以集成到一半的管理活动当中，根据管理流程控制风险行动计划，修正实际与计划之间的偏差，对事件做出反馈并改进风险管理过程。

上述几项工作都需要建档，并在各部门之间沟通和交流。沟通位于中间的位置，就是为了凸显它的重要性和无处不在的特征。如果没有有效的沟通，任何风险管理方法都是没有用处的。必须要建立档案管理系统，并对风险决策进行跟踪。

2.2 风险识别

风险识别（risk identification）是指通过连续、系统、全面的判断与分析，确定风险管理对象的风险类型、受险部位、风险源、严重程度等，并且发掘风险因素引发风险事故导致风险损失的作用机理的动态行为或过程。风险识别的内容主要有：一是查找风险源，分析风险类型、受险部位、风险损失严重程度；二是找出风险因素诱发风险事故而导致风险损失的原理。

2.2.1 风险识别流程

（1）获得企业风险管理的整体计划。它是风险识别工作开展的总体依据，包括企业背景、风险管理目标、风险标准、决策标准以及对风险识别的总体要求等。

（2）确定风险识别的对象和范围。它包括确定必须开展风险识别的企业生产或业务活动的过程、计划、目标、具体的风险标准等，以获得风险识别对象的信息。

（3）制订风险识别计划。它包括识别方法的选择，在此基础上确定并识别人员能力及需求、识别工作时限、识别深度、识别费用、识别成果形式等。

（4）准备识别工具。根据所选的具体识别方法，准备相应的识别工具，例如风险识别对象的分解结构、风险因素调查表、情景分析会、风险的历史资料、风险登记表等。

（5）开展调查。它是指通过调查进行风险因素、相应风险事件和可能结果的描述及分类。

（6）提交识别成果。识别成果即风险识别报告。

从人的认知规律来看，风险识别流程可以分为两个阶段：

（1）感知风险，即通过调查和了解来识别风险的存在。例如，调查风险主体是否存在财产损失、责任负担和人身伤害等方面的风险。如通过调查，了解到一家运输公司面临财产风险、人身风险和责任风险，而财产风险又包括各车辆财产损失、存货仓库及库存物损失和其他设备损失等。在存货仓库损失风险中，可能的原因有火灾或爆炸、洪水、飓风等。

（2）分析风险，即通过归类，掌握风险产生的原因和条件以及风险所具有的性质。例如，可以分析造成运输公司财产损失、责任负担和人身伤害等风险的原因和条件是什么，这些风险具有什么样的性质和特点。再如，通过分析风险知道引起存货仓库火灾的风险因素有很多，如电、化学反应、自燃、邻近建筑物的火灾蔓延等；而引起水灾的风险因素有洪水、暴雨、水管或其他设备破裂等。以人为例，可能面临的风险有死亡、疾病、意外伤害、财产损失、责任等，而导致死亡的风险事故有自然灾害、意外事故、自杀、疾病等。

感知风险和分析风险构成风险识别的基本内容，且两者相辅相成、相互联系。这种联系表现在：只有感知风险的存在，才能进一步有意识、有目的地分析风险，掌握风险存在及导致风险事故发生的原因和条件。同时，在了解了风险的存在后，也必须进一步明确风险存在的条件以及导致风险事故发生的原因。因为风险管理的根本目的在于对客观存在的风险采取行之有效的对应措施，消除不利因素，克服不利影响，减少风险带来的损害。

因此，感知风险与分析风险是风险识别的两个阶段。感知风险是风险识别的基础，分析风险是风险识别的关键。只有通过感知风险，才能进一步进行分析。只有通过风险分析，才能寻找到可能导致风险事故发生的各种因素，为拟订风险处理方案和进行风险管理决策服务。

2.2.2 风险识别方法

1. 专家调查法

专家调查法（expert survey）就是通过对多位相关专家的反复咨询及意见反馈，确定主要风险因素，然后制成风险因素估计调查表，再由专家和相关工作人员对各风险因素在项目建设期或分析期内出现的可能性和后果严重度进行定性估量。

2. 头脑风暴法

头脑风暴法最早由奥斯本（Alex F. Osborn）于1939年提出，是一种刺激创造性、产生新思想的方法。应用头脑风暴法的一般步骤是先召集有关人员构成一个小组，然后以会议的方式展开讨论。该法的理论依据是群体智慧多于个体智慧，最主要的特点是尽量避免成员间的批评，最大限度地展现智慧以及相互启发，以提出创造性的想法、主意和方案。

一般情况下，头脑风暴法小组开会的人数不宜太少，也不宜太多，少则五六人，多则十余人，以便让与会者都有充分发表意见的机会，如果想多听意见也可以分组讨论；会议时间不要太长，以免令人疲倦、厌烦而不能达到预期效果。

头脑风暴法适合于问题单纯、目标明确的情况。如果问题牵扯面太广、包含的因素太多，先将问题分解，再实施头脑风暴法。

头脑风暴法的优点是比较容易获得结果，而且节省时间，所以应用广泛。但与此同时，目前也有大量研究表明，头脑风暴法可能由于某些原因反而会阻碍一些创造性的思考，从而导致“生产力损失”。迪尔（Diehl）等人（1987）指出有三个原因可能导致“生产力损失”：一是“评价焦虑”，小组参与者可能由于担心别人的评价而不能充分表达自己的想法；二是“搭便车”，由于在集体工作中每个人的责任比起单独工作时小，所以就会付出更小的努力；三是“产出阻碍”，倾听别人发言会妨碍自己的思考，从而阻碍了想法的产生。穆林（Mullen）等人（1991）的研究表明，权威人物在场会进一步加大“生产力损失”。

3. 德尔菲法

德尔菲法是由美国著名的咨询机构兰德公司发明并最早用于军事领域的预测方法。当时美国空军委托该公司研究一个典型的风险识别课题：若苏联对美国发动核袭击，其袭击的目标会选择在什么地方？后果会怎样？由于这种问题很难用数学模型进行精确计算，于是兰德公司提出了一种规定程序的专家调查法，当时为了保密而以古希腊阿波罗神殿所在地德尔菲命名，故这种方法称为德尔菲法。

应用德尔菲法的一般程序包括以下六项内容。

（1）把一组具有特别形式、非常明确、用笔和纸可以回答的问题以通信的方式寄给专家，或在某会议上发给专家，问题的条目可由组织者、参加者或双方共同确定。

（2）对专家进行多轮反复问询，每一次问询后都要对每个问题的专家反馈意见进行统计汇总，包括计量中位值和一些离散度数值，甚至需要给出全部回答的概率分布等。

（3）根据统计结果及时调整前述问题中不合理的成分。

（4）尽量避免所提问题出现交叉和组合的情况。例如，如果一个问题包含两方面内容，一方是专家同意的，而另一方面是专家不同意的，这时专家就难以做出正确判断和回答。

（5）应控制问题的数量，一般认为20~25个为宜，过多的问题不仅排列有困难，也容易引起交叉和组合。

（6）应对结论进行反复分析、验证，这是因为若问题提问、排列、回答的方式不同，对专家反馈意见的统计整理方法有差异，则对应的结论就会有所不同。

与传统的圆桌会议、头脑风暴法或仅遵循某一个人的意见相比，运用德尔菲法所得结论的准确度和可信度会更高一些，而且既可以避免各个专家之间的直接冲突或相互影响，又能引导他们进行独立思考，从而有助于逐渐形成一种统一意见。如果实验的目的是量化估计，即使开始时各个专家的意见不一，但随着实验的反复进行，专家们的意见也将由于经过反复表格化、符号化、数字化的科学处理而逐渐达到统一，从而便于统计分析。但是，德尔菲法也存在很多缺点。首先，选择合适的专家是准确运用德尔菲法的关键，但这个问题并不容易解决。其次，德尔菲法不能完全消除问题陈述的模糊性、专家经验的不确定性以及专家可能下意识或故意给出带偏见的答案等。再者，一是德尔菲法通过“专家意见形成—统计反馈—意见调整”这样一个多次与专家交互的循环过程可能会使专家将自己的意见调整到有利于统计分析的方向，从而削弱了专家原有见解的独立性；二是德尔菲法对群体意见的一致性缺乏判断标准；三是对集成结果缺乏可信的测度，从而难以检测集成结果的可靠度；四是应用德尔菲法时一般需要经过四到五轮的调查统计，过程繁杂，所以存在最后结论不收敛的风险。

4. 安全检查表法

安全检查表法（safety check-list）又称作风险清单，它是分析人员较为全面地列出某类事项面临的一些危险项目以及有关的已知类型的危险、设计缺陷和事故隐患，从而用于逐个识别风险。该方法通常用于检查各种规范和标准的执行情况。

安全检查表法是根据系统工程的分析思想，在对系统进行分析的基础上，找出所有可能存在的风险源，然后以提问的方式将这些风险因素列在表格中。安全检查表的编制程序一般分为四个步骤：将工程风险系统分解为若干子系统；运用事故树，查出引起风险事件的风险因素，作为检查表的基本检查项目；针对风险因素，查找有关控制标准或规范；根据风险因素的风险程度，依次列出问题清单。最简单的安全检查表由四个栏目组成，包括序号栏、安全检查项目栏（根据检查目的设计检查项目）、判断栏（以“是”或“否”来回答）和备注栏（与检查项目有关的需要说明的事项）。一张简单的安全检查表（表头）如表 2. 1 所示。

表 2. 1　安全检查表（表头）

序号	安全检查项目 （根据检查目的设计检查项目）	判断 （是或否）	备注 （检查项目的相关说明）

安全检查表的分析弹性很大，既可用于简单的快速分析，也可用于更深层次的分析，是识别已知常规危险的有效方法。安全检查表法既可以用来判断风险是否存在，也可以在发生事故后帮助查找事故原因。

5. 流程图分析法

流程图分析法（flow chart）是按照业务活动的内在逻辑关系将整个业务活动过程绘制成流程图，并借此识别金融风险的方法。根据业务活动的不同内容、不同特征及其复杂程度，可以将风险主体的业务活动绘制成不同类型的流程图。例如，按照业务内容可以绘成生产流程图、销售流程图、会计流程图、放贷流程图等；按流程的内容划分，可将其分为内部流程图和外部流程图。只包含生产制造过程的流程图称为内部流程图，包含供货与销售环节的流程图为外部流程图。外部流程图缩略了内部流程，突出了外部流程。按流程的表现形式划分，可将其分为实物流程图和价值流程图。实物流程图反映的是某种产品从原材料供应到成品完成的生产全过程。价值流程图和实物流程图非常相似，所不同的是，在实物流程图中，各环节中以及环节之间的连线上标出的是物品的名称和数量，而价值流程图标出的是物品的价值，一般用括号内的数字表示生产环节的新增价值，箭头连线上的数字表示转移到下一生产环节的迁移值，单位为某货币单位。一般来说，风险主体的规模越大、业务活动越复杂，流程图分析就越具有优势。

概括地说，流程图分析法的应用步骤主要包括以下四个方面：

（1）分析业务活动之间的逻辑关系。

（2）绘制流程图。当分析对象涉及多个子流程时，可以先绘制各个子流程，再组成综合流程图。

（3）对流程图做出解释。流程图本身只能反映生产、经营过程的逻辑关系，在实际应用时还需要对流程图做进一步的解释、剖析，并编制流程图解释表。

(4) 风险识别分析。风险管理部门通过察看流程图及其解释表，进行静态与动态分析并识别流程中各个环节可能发生的风险以及导致风险的原因和后果。

静态分析就是对图中的每一个环节逐一调查，找出潜在的风险，并分析风险可能造成的损失后果。类似于这样的问题是针对单独某个生产销售环节的，而动态分析则着眼于各个环节之间的关系，以找出那些关键环节。

流程图分析法的优点在于清晰、形象、较全面地揭示出所有生产运营环节中的风险，而且对于营业中断和连带营业中断风险的识别极为有效。但流程图只强调事故的结果，并不关注损失的原因，因此，要想分析风险因素，就要和其他方法配合使用。

6. 工作风险分解法

工作风险分解法（WBS-RBS）就是把工作分解形成WBS树，把风险分解形成RBS树，然后用工作分解树在最低层次上的子活动和风险分解树在最低层次上的子事项交叉构成WBS-RBS矩阵，对工作—风险事项组合逐一进行风险识别的方法。运用WBS-RBS法进行风险识别主要分为三个步骤：

第一步，把工作分解形成工作分解树，主要是根据风险主体与子部分以及子部分之间的结构关系和工作流程进行工作分解。工作分解树如图2.3所示。

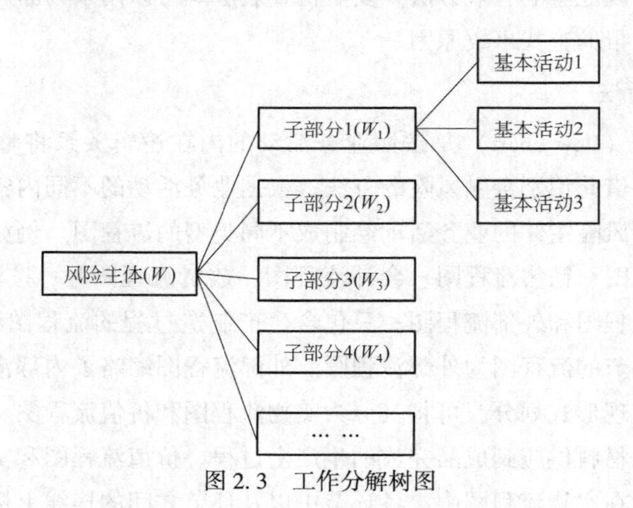

图2.3　工作分解树图

第二步，风险分解形成风险分解树。风险识别的主要任务是找到风险事件发生所依赖的风险因素，而风险事件与风险因素之间存在着因果关系。风险分解树建立了风险事件与风险因素之间的因果联系模型。风险分解的第一层次是把风险事件分为内、外两类，内部风险产生于项目内部，而外部风险源于项目环境因素。第二层次的风险事件分别按照内、外两类事件继续往下细分，每层风险都按照其影响因素的构成进行分解，最终分解到基本的风险事件，把各层风险分解组合形成风险分解树，如图2.4所示。

第三步，在完成工作分解（WBS）与风险分解（RBS）之后，将工作分解树与风险分解树交叉，构建风险识别矩阵，如表2.2所示。WBS-RBS矩阵的行向量是工作分解到最底层形成的基本工作包，矩阵的列向量是风险分解到最底层形成的基本子因素。

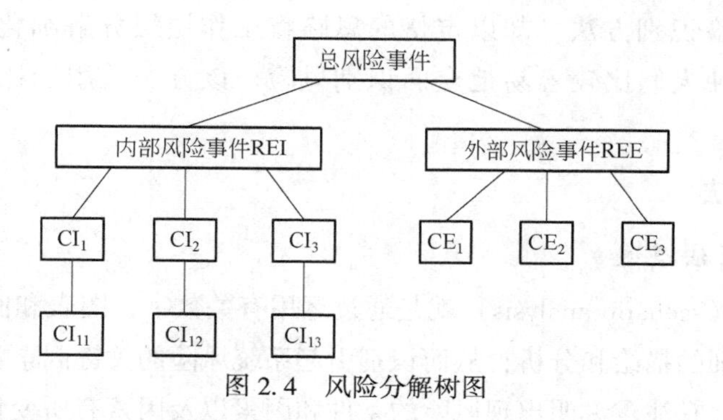

图 2.4 风险分解树图

风险识别过程是按照矩阵元素逐一判断某一工作是否存在该矩阵元素横向所对应的风险。

表 2.2 WBS-RBS 矩阵表

基本工作包		基本子因素							
子部分	基本活动	内部风险事件				外部风险事件			
		CI_{11}	CI_{12}	…	CI_{n+m}	CE_{11}	CE_{12}	…	CE_{n+m}
W_1	W_{11}								
	W_{12}								
	W_{13}								
……									
W_n	W_{n+m-1}								
	W_{n+m}								

从 WBS-RBS 风险识别的原理可以看出，同其他风险识别方法比较，其优势表现在三个方面：第一，该方法符合风险识别的系统性原则。在运用 WBS-RBS 法进行风险识别时，首先要按照各项工作在施工工艺和工程结构上的关系逐级进行分解，形成工作分解树，这样风险源逐级地呈现在工作分解树上，从而不容易漏掉某些重要的风险源，并且将风险进行了系统的分解，这样也避免漏掉某些风险因素。因而 WBS-RBS 法用于风险识别完全符合系统性原则。第二，该方法满足风险识别的权衡原则。在工作分解形成决策树的过程中，可以估计出各层次工作的相对权重，从而根据工作的相对重要程度（相对权重）有所侧重地识别风险。因而 WBS-RBS 用于风险识别符合风险识别的权衡原则。第三，与其他风险识别方法相比，WBS-RBS 法能使定性分析过程更加细化，更加接近量化分析的模式。WBS-RBS 矩阵纵向（或横向）的工作分解树和横向（或纵向）的风险分解树经过分解把工作和风险的初始状态细化了，在一定程度上规避了其他方法笼统地凭借主观判断识别风险的弊端。迄今为止，WBS-RBS 法是既能把握风险主体的全局又能深入到风险管理的具体细节的风险识别方法。WBS-RBS 法虽然

是一种定性的风险识别方法，却以定量的思路将工作层层分解细化，使得风险识别变得非常简单，使人们比较容易地全面识别风险。该方法适用于比较复杂的风险识别系统。

7. 情景分析法

1）情景分析法概述

情景分析法（scenario analysis）就是通过运用有关数字、图表和曲线等，对未来的某个状态进行详细的描绘和分析，从而识别引起系统风险的关键因素及其影响程度的一种风险识别方法。它注重说明出现风险的条件和因素以及因素有所变化时连锁出现的风险和风险的后果等。

一般而言，情景有四个组成要素，即最终状态、故事情节、驱动力量和逻辑。最终状态是指情景最终阶段的战略状态或结果；故事情节则是为了达到最终状态需要采取的行动；驱动力量是指塑造或推动情节发展的力量，如目标、竞争力、文化等，而逻辑则提供了某一驱动力量或主体为什么如此行动的解释。这四个要素相互交织，构成了各种不同的情景。

情景分析法的主要功能表现在以下四个方面：

（1）识别系统可能引起的风险；

（2）确定项目风险的影响范围，是全局性还是局部性影响；

（3）分析主要风险因素对项目的影响程度；

（4）对各种情况进行比较分析。

2）情景分析法用于风险识别的过程

通常情景分析法用于风险识别的过程如下：

（1）情景过程的构建。识别组织知识的空白、创建情景推进团队、确定情景项目规划期。

（2）情景项目背景的探索。与团队成员进行访谈、整理和分析访谈结果、确定议题、邀请资深人士加入，以帮助情景团队质疑常规的方法和态度。

（3）情景挖掘。通过结构性的思考发现各种驱动力量，检验其后果，并处理由此产生的复杂情况；确定影响和不确定性；通过绘制交叉影响矩阵得出具有最大影响和最不确定性的两个类别，展开情景并充实情景故事的情节。

（4）情景分析。检验对经营问题的理解，检验情景故事的内部一致性。

（5）系统检验。画出情景故事内在驱动力量的影响图，以此进行系统检验。

（6）识别规划。激发组织的思想变革，识别早期的风险征兆信号，设计从现在到未来的行动计划。

从上述情景分析的过程中可以发现，情景开发的过程就是风险识别的过程，交叉影响矩阵中的事件既是情景开发的重点，也是识别出的主要风险。通过系统检验可以进一步确定所识别出的风险，风险识别过程的最后一步能够确定早期的风险征兆信号，从而确定风险监视的对象。

情景分析法包括以下三方面内容：

(1) 筛选。筛选是按一定的程序将具有潜在风险的事件、过程、现象和人员进行分类选择的风险识别过程，具体包括：仔细检查→征兆鉴别→疑因估计。

(2) 监测。监测是在风险出现后对事件、过程、现象、后果进行观测、记录和分析（其特征）的过程，具体包括：疑因估计→仔细检查→征兆鉴别。

(3) 诊断。诊断是对项目风险及损失的前兆后果与各种起因进行评价和判断，找出主要原因并进行仔细检查的过程，具体包括：征兆鉴别→疑因估计→仔细检查。

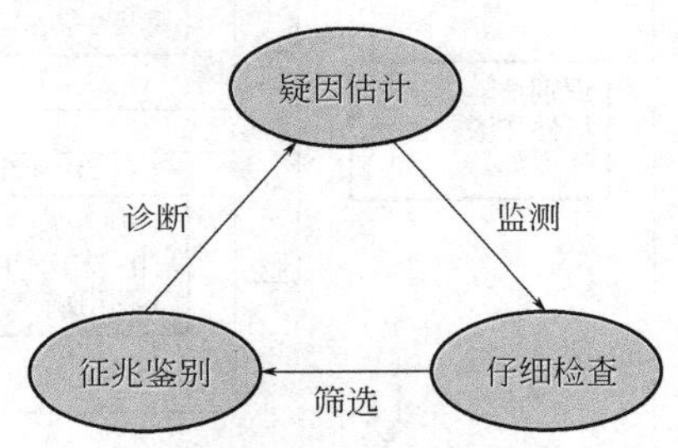

图 2.5 情景分析法的工作步骤图

情景分析法的工作步骤如图 2.5 所示。

2.3 风险分析

进行风险分析，主要回答三个问题：

(1) 什么会发生问题？(即危险识别)

(2) 发生问题的可能性有多大？(即频率分析)

(3) 后果是什么？(即后果分析)

风险分析的主要目标是支持特定的决策过程。在相关的决策问题没有清楚参考，也没有做决策所需要的输入信息的情况下，不能盲目开始风险分析。必须要强调的是，如果是接受或拒绝这类决策，在开始风险分析之前，一定要建立起明确的接受准则。高层管理者应该参与到确定风险分析目标的工作当中，因为风险分析的结果不仅仅是回答“风险是什么？”，更重要的是要建立智能并且明确的风险管理框架。

2.3.1 风险分析的类型

可以按照很多种不同的方式对风险分析和风险评估进行分类。比如图 2.6 中的定性和定量分析。阿兰特（Arendt）在 1990 年的文章中也展示了类似的图形。

1. 定性风险分析

定性风险分析是采用词语和（或）叙述性的方法，描绘已识别危险事件的频率以及由这些事件导致的潜在后果的严重程度。这些叙述可能需要根据环境进行调整，而对于不同类别的风险，也可以使用不同的描述。

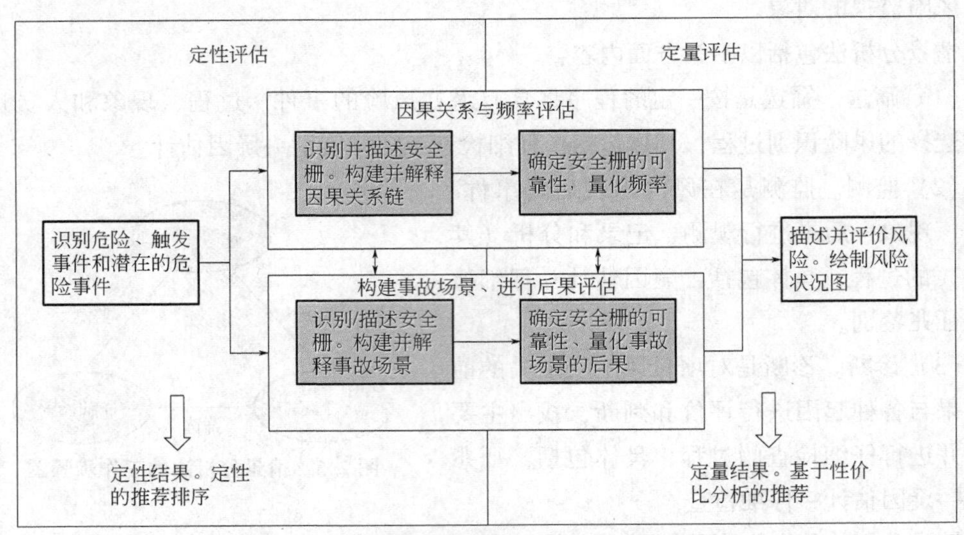

图 2.6　风险评估过程：定性与定量风险评估图

定性风险分析可以用于：

(1) 初始的筛查，识别需要进一步详细分析的事故场景。

(2) 风险级别较低，不需要花费时间和精力进行更加详细分析的时候。

(3) 没有足够数据进行定量风险分析的时候。

2. 半定量风险分析

在半定量风险分析中，可以为定性的描述赋予一定的数值。分配给每一段描述的数值并不一定需要准确地反映出实际的频率或者严重程度。数值可以按照不同的方式组合，形成风险状况图。这样做的目的是建立起比定性分析更加详细的优先次序，但它并不是要像定量分析那样给出风险的实际值。

3. 定量风险分析

定量风险分析使用数值来描述频率、后果和严重程度。这些数值的来源有很多。定量风险分析还有很多不同的叫法，包括：

定量风险分析/评估（quantitative risk analysis/assessment，QRA）。在多个应用领域的很多不同类型的风险分析中，都使用这个词汇。

概率风险分析/评估（probabilistic risk analysis/assessment，PRA）。这一表达方法由美国核电行业提出，后来被美国宇航局采用。

概率安全分析/评估（PSA）。与 PRA 属于同一类型的分析，但是主要在欧洲使用

流程危险分析（process hazard analysis，PHA）。这一词汇主要在《美国职业安全与卫生条例》（OSHA）规定的风险分析中使用，通常用于高危化学品的流程安全管理。

综合安全分析/评估（FSA）。国际海事组织（IMO）率先在海洋工业风险分析工作中使用了这个词汇，澳大利亚石油行业也使用相同的词汇。

全面风险分析/评估（TRA）。海洋油气行业的一些运营商使用这一词汇。

第一个全面的PRA项目，是纽曼·拉斯姆森（Norman Rasmussen）领导的团队为美国核标准委员会（Nuclear Regulatory Commission，NRC，前身为原子能委员会）在1970—1975年间进行的反应堆安全研究（NUREG75/014）。现在定量风险分析中使用的多种方法都是在这项研究中开发出来的。

在QRA（或者类似分析）中采用的方法，是将系统分解成子系统和元件（比如阀门、泵等）。如果已经在结果模型中得到了绝大部分元件的数据，分解就可以停止了。

如果观察到的实际系统故障很少，还可以寄希望在运行和常规测试当中发现有泵和阀门失效频率方面的重要数据。使用这些数据，可以估计元件的失效率，接下来就可以根据QRA模型将失效率的估计值累加，得到所研究系统总体失效频率的估计值。

2.3.2 风险接受准则

对于风险分析和风险评价的结果，人们往往认为风险越小越好。实际上这是一个错误的概念。无论减少危险发生的概率，还是采取防范措施使风险造成的损失降到最小，都要投入资金、技术和劳务。因此，一般做法是将风险限定在一个合理的、可接受的水平，通过对影响风险的因素进行分析，搜寻最优投资方案，“风险与利益间要取得平衡”“不要接受不必要的风险”“接受合理的风险”这些都是风险接受的一般原则。

现在，研究人员已经开发出很多不同的方法来确定与某个系统或者行为相关的风险是否可以接受。常用的风险可接受标准的确定准则包括ALARP原则、ALARA原则、GAMAB原则、MEM准则、社会风险准则和预防原则。

1. ALARP原则

英文ALARP是“在合理可行的范围内尽量低（as low as reasonably practicable）”的缩写，也是英国的风险接受原则。ALARP原则主要有两个作用：

（1）提供了一个分析风险的框架（比如识别风险和风险降低措施），这需要对分析对象的风险容忍能力进行明确的描述和分析。

（2）确定风险降低措施的成本与其可能产生的收益是否成比例，进而确定是否执行这一措施。

在使用ALARP原则的时候，风险被划分为三个等级：

（1）不可接受区域，在这里除了特殊情况之外，风险都是无法容忍的，必须采取降低风险的措施。

（2）中间区域，也就是ALARP区域，在这里最好采取降低风险的措施，但是如果成本和收益比例失衡的话，也可以不采取行动。

（3）广泛可接受区域，在这里不需要采取进一步降低风险的措施。当风险处于这个水平的时候，进一步降低风险从经济上考虑是不划算的，与其在这里花费大量资金，不如考虑降低别处的风险。

因此有必要明确两个风险界限的概念：（1）风险上限（介于不可接受区域和ALARP区域之间），在此界限之上，无论有什么理由，这些风险都是不能容忍的；（2）风险下限（介于ALARP区域和广泛可接受区域之间），在此界限以下，基本上认为风险是可以接受的。

ALARP原则最早用于衡量英国核电站的风险容忍度（TOR），后来HSE也将其用于其他场合。

ALARP主要与人面对的风险有关。因此，图2.7中的纵轴是个体风险的量度，比如国际辐射防护协会（International Radiation Protection Association，IRPA）。表2.3列出了HSE确定的ALARP的上限和下限。

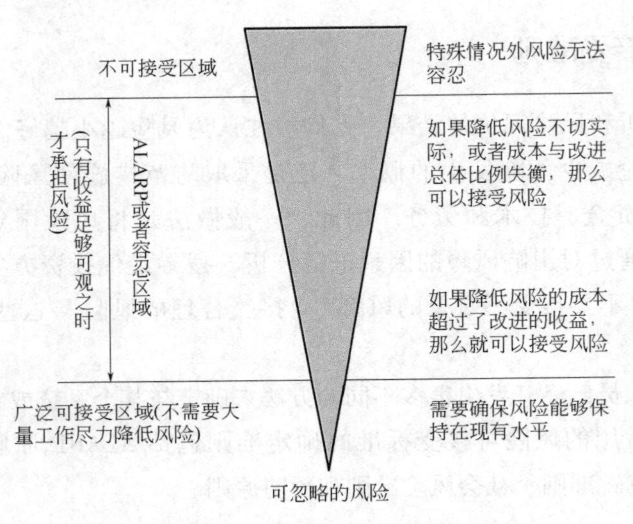

图2.7　ALARP原则图

表2.3　英国使用的ALARP界限

界限	年均概率		针对对象
上限	1/1000	10^{-3}	工作人员
	1/10000	10^{-4}	社会大众(对于现有的工厂)
	1/100000	10^{-5}	社会大众(对于新建的工厂)
下限	1/1000000	10^{-6}	社会大众

在ALARP区域的风险必须要降低到ALARP的水平。那么ALARP中的“可行的范围”是如何定义的呢？在定义的时候要考虑以下四点：

（1）所谈论危险事件的严重程度。

（2）关于该危险事件的知识水平，以及避免或者减轻影响的方式。

（3）避免危险事件或者降低影响的方法是否可以使用、能否发挥作用。

（4）避免危险事件或者降低影响使用的成本。

成本收益评估。ALARP原则需要采用成本收益方法确定“合理性”水平的内涵。

在 ALARP 区域，“总体比例失衡”是需要考虑的一个核心问题，如果措施的成本与取得的收益之间没有出现比例失衡的情况，那么这一降低成本的措施就可以实行。成本失衡因子 d 可以根据以下公式计算：

$$d=\text{风险降低措施的成本}/\text{风险降低的收益} \tag{2.1}$$

风险降低措施的成本是对总成本的估计值，涵盖购买、安装、培训等多个方面，还包括与系统运营相关的成本，比如因为降低产能导致的潜在成本。如果做出决策不执行风险降低措施，主要是考虑到产能也许会降低，那么公司就需要证明即便是将某些工作调整到计划停产时间（比如维护期间），也不能减少损失。

实施风险降低措施的收益，是通过减少受伤和死亡而节约的“成本”的估计值，也包括可能消耗资源的减少和系统产能的提升值。

成本收益方法的一大挑战在于，它在同一个词汇当中不仅表述了成本，还包括了风险降低的收益。要为人的生命赋予一个价值，这一直都是一个高度敏感的问题。为了指导决策，一些公司在对待人的生命的时候存在一些内部的规则。另外一种衡量人的生命价值的方法，就是计算任何风险降低措施的成本—收益比，挖掘任何明显不合理的情况。如果生命的价值没有量化，就无法合理地分配那些价值已经量化的资源，也就无法开发或者采用相应对策去保护生命安全。

从本质上来说，ALARP 原则说明，必须要有财力的支撑才能将风险降低到可行范围内足够低的水平，并且在风险不能忽略、这些措施的性价比又较合适的情况下，必要投入的资金就应被持续投入。如果只需要合适的成本和不太多的精力就可以进一步降低风险的“可容忍”水平，那么就应该推动这些工作。与此同时，ALARP 原则说明并不是所有的风险都可以消除。因为有时候要采取进一步行动降低风险或者识别出事故原因都是不现实的，总会有一些残余风险存在。

2. ALARA 原则

ALARA 是英语“合理可能的情况下尽量低（as low as reasonably achievable）”的缩写，它是荷兰采用的风险接受框架。ALARA 在概念上与 ALARP 类似，但是并没有包括基本可接受的区域。直到 1993 年，荷兰的政策中都一直包括可忽略风险这一类别。但是后来，这种分类方式被摒弃了，因为它要求所有的风险都应该尽可能降低。然而在实际操作中，人们对于 ALARA 还是有着一些不同的理解方式。荷兰的企业通常关注的只是不要超过上限，而不是在可行的情况下采取进一步的措施。而在另一方面，ALARA 的不可接受区域要比 ALARP 更加严格。

3. GAMAB 原则

GAMAB 是法语“globalement au moins aussi bon”的缩写，也就是说“整体上至少是好的”。该准则假设可以接受的解决方案已经存在，任何新的方案都应该至少跟现有方案同样有效。“整体（globalement）”这个词在这里非常重要，因为它提供了妥协的空间。如果有措施进行了过度补偿，个体某些方面的情况可能会变得更糟。

法国在交通系统的决策中使用GAMAB，新系统需要提供在整体上与现有等效系统一致的风险水平。铁路可靠性标准EN 50126（1999）写入了这项准则。GAMAB最近的一个变体是GAME，它将要求转化为“至少等效”。GAMAB是一项基于技术的准则，将现有技术作为参考值。使用这一原则，决策者不需要去设定风险接受准则，因为已经给定了现在的风险水平。

4. MEM准则

德国准则MEM是“最低内源性死亡率（minimum endogenous mortality）”的缩写，它将自然原因死亡概率作为风险接受参考水平。该准则要求任何新的或者改造的技术系统，都不能引起任何人IPRA（综合概率风险评估）的显著升高。MEM的理论依据是不同年龄人群的死亡率不同，同时它还假设有一定比例的死亡事件是由技术系统引起的。

根据铁路标准EN 50126（1999），MEM中提到的这种“显著提升”等于5%。这项计算是基于人们会暴露在20种不同类型技术系统之中的假设进行的。准则中提到的技术系统包括交通、能源生产、化学工业以及休闲活动等。假设在最低内源性死亡率的框架内总体技术风险是可以接受的，那么对于每一个技术系统来说：

$$\Delta IPRA \leqslant MEM \cdot 5\% = 10^{-5} \tag{2.2}$$

如果有单一技术系统会将MEM中的IPRA值提升超过5%，它就会带来无法接受的风险。需要强调的是，MEM准则关注的是任何个体的风险，而不是提供参考值的同一年龄的人群。与ALARP和GAMAB不同，MEM是一个从最低内源性死亡率推导得到的通用定量风险接受准则。

5. 社会风险准则

2001年，英国健康与安全执行委员会发表了名为《降低风险，保护人民》的报告，报告提出了社会风险准则，指出对于任何一座工业设施来说，“如果存在风险可能发生50人或者50人以上死亡事故，并且事故发生频率预计高于每年1/5000，那么这种风险就是无法容忍的”，这是第一次有机构公开发布这种类型的准则。

6. 预防原则

预防原则与上述描述的其他风险接受方法不同。之前提到的各种方法都是基于风险的，也就是说风险管理是根据概率和潜在伤害的数学评估进行的。而预防原则恰恰相反，这是一种采取提前行动的策略，可以处理不确定或者高度脆弱的情况。这种基于预防的方法，不会提供任何定量准则与评估的风险水平进行比较。在衡量风险接受度的时候，也不会使用潜在后果的严重度与预防措施投入的比例。

联合国于1992年在《里约宣言》的第15条首次给出了预防原则的定义，即预防原则是在存在严重或者不可逆的破坏危险的场合，缺乏足够的科学根据不能成为拖延采取有效行动去阻止情况恶化的借口。

对于下列情况，需要采取预防原则：

（1）有充分的理由相信人、动物、植物或者环境会受到伤害。

（2）后果和频率从科学的角度都存在不确定性，因此没有十足的把握评估风险并告知决策者。

举例来说，工厂改造会对现有的居民产生有害影响，但是我们缺乏有关危险与后果之间关系方面的知识，这时候使用预防原则就比较合适。与之相反的一个例子是海洋工业。因为已经充分了解各种危险和后果，就可以采用传统的评估技术来评价风险，并进行必要的提醒。因此，预防原则不适合海洋工业。

2.3.3 风险分析步骤

风险分析可以分为多个步骤进行，而具体的项目需要哪些步骤则取决于分析的范围和研究对象的复杂程度。通常，定量风险分析包括如下 11 个步骤：

（1）风险分析的计划和准备。

（2）确定系统的边界和分析的范围。

（3）识别危险和潜在的危险事件。

（4）确定每一个危险事件的原因和频率。

（5）识别由每一个危险事件引发的事故场景（即事件序列）。

（6）选择相关和典型的事故场景。

（7）确定每一个事故场景的后果。

（8）确定每一个事故场景的频率。

（9）评估不确定性。

（10）建立并描述风险状况图。

（11）报告分析结果。

以上是按照逻辑次序列出的这些步骤，但是其中的一些步骤可以根据风险分析的实际情况变换位置。将在本节中列出每一个步骤需要处理的一些主要矛盾和需要回答的问题。图 2.8 给出了风险分析的步骤以及各个步骤之间的联系。

1. 风险分析的计划和准备

风险分析需要周密的计划和准备，这对于分析结果的质量和实用程度至关重要，必须考虑下列一些问题。

1）建立目标和风险分析的边界条件

（1）风险分析的背景是什么？为什么进行风险分析？

（2）风险分析是在为哪些决策服务？

（3）风险分析必须要提供的信息是什么（类型和格式）？

（4）法律、法规和标准对于风险分析有哪些要求？

（5）需要在何时获得风险分析的结果？这一点对于启动和管理风险分析很重要，因为在必须要进行决策的时候需要能够获取并使用风险分析的结果。

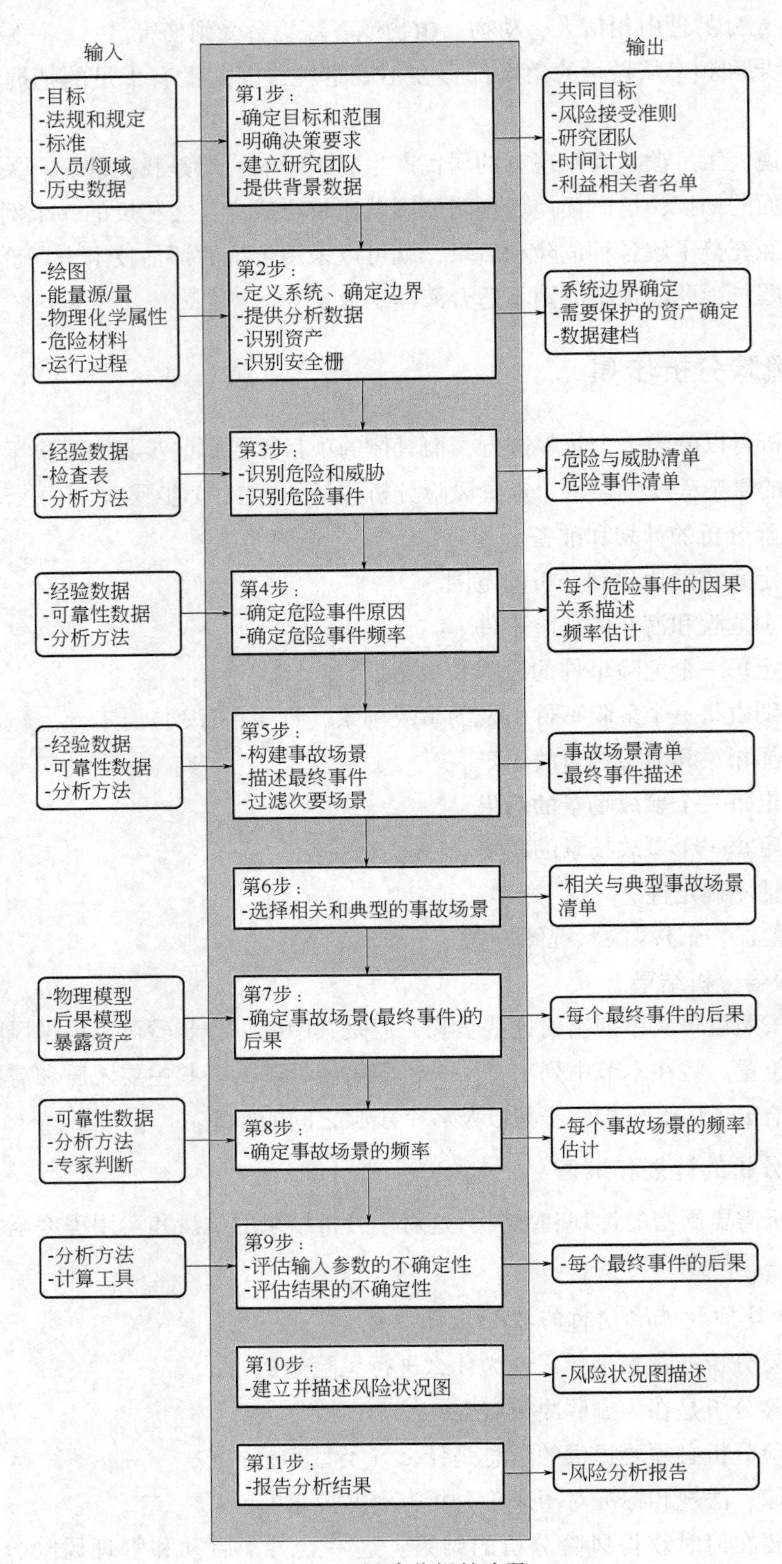
输入
输出
-目标
-法规和规定
-标准
-人员/领域
-历史数据
第1步：
-确定目标和范围
-明确决策要求
-建立研究团队
-提供背景数据
-共同目标
-风险接受准则
-研究团队
-时间计划
-利益相关者名单
-绘图
-能量源/量
-物理化学属性
-危险材料
-运行过程
第2步：
-定义系统、确定边界
-提供分析数据
-识别资产
-识别安全栅
-系统边界确定
-需要保护的资产确定
数据建档
-经验数据
-检查表
-分析方法
第3步：
-识别危险和威胁
-识别危险事件
-危险与威胁清单
-危险事件清单
-经验数据
-可靠性数据
-分析方法
第4步：
-确定危险事件原因
-确定危险事件频率
-每个危险事件的因果关系描述
-频率估计
-经验数据
-可靠性数据
-分析方法
第5步：
-构建事故场景
-描述最终事件
-过滤次要场景
-事故场景清单
-最终事件描述
第6步：
-选择相关和典型的事故场景
-相关与典型事故场景清单
-物理模型
-后果模型
-暴露资产
第7步：
-确定事故场景(最终事件)的后果
-每个最终事件的后果
-可靠性数据
-分析方法
-专家判断
第8步：
-确定事故场景的频率
-每个事故场景的频率估计
-分析方法
-计算工具
第9步：
-评估输入参数的不确定性
-评估结果的不确定性
-每个最终事件的后果
第10步：
-建立并描述风险状况图
-风险状况图描述
第11步：
-报告分析结果
-风险分析报告
图 2.8　风险分析的步骤

（6）风险分析的利益相关人员包括哪些？应该通知哪些人员参与到风险分析工作当中？（尤其是在评价风险能否接受的时候，需要相关人员参与。）

（7）在研究对象的设计和运营过程中，相关人员的参与程度如何？

（8）已经有建立好了的风险接受准则吗？

（9）公司是否已经定义了总体安全目标？

2）建立研究团队，保证质量和人员参与

（1）应该使用内部人员还是外部的咨询顾问？

（2）哪些领域需要进行分析？

（3）工作的质量应该如何进行控制？

（4）相关人员应该如何通知和参与？

3）选择分析方法

（1）哪种方法是最适合实现分析目标的？

（2）这种方法对于潜在危险的属性、可以使用的数据和需要进行的决策是否敏感？

4）提供背景信息

（1）之前有哪些与研究对象相关的事件发生（比如利益相关人员的抗议和抱怨、法律诉讼和媒体报道）？

（2）曾经发生过哪些与研究对象或者类似对象相关的危险事件或者事故？

（3）对于这类系统，一般认为可以接受的风险是怎样的？

2. 确定系统的边界和分析的范围

为了进行风险分析，有必要充分理解系统的功能，包括正常运行和偏离正常的各种情况。如果是雇佣外部咨询来进行风险分析，公司内部熟悉系统和（或）活动的人员与外部团队的合作就非常重要。在这一步骤中，有如下问题需要考虑。

1）系统功能

（1）系统执行哪些功能？

（2）每项功能需要的输入有哪些（比如电力、用水等）？

（3）风险分析需要覆盖系统的哪些部分？

（4）分析需要覆盖生命周期中的哪些阶段？

（5）分析需要覆盖运行过程的哪些阶段（比如正常运行、维护和启动）？

（6）系统有哪些政治和社会意义？

2）资产和后果

（1）系统内部和外部的哪些资产可能会因为事故受到伤害？

（2）需要在分析中考虑哪些资产？

（3）需要在分析中考虑哪些危险？（比如技术危险、自然危险、破坏活动等。）

（4）在分析中应该优先研究哪些类型的事故？（比如火灾、有毒物品泄漏、可能会伤害到第三方的事故。）

3）安全栅和紧急防护

（1）系统中存在哪些安全栅？（包括预防型和响应型，比如警报器、紧急停机装置、消防系统等。）存在哪些外部的紧急救护资源？（比如消防队，急救、救护车，搜寻和营救服务）这些资源的可用性和可靠性如何？

（2）这些营救资源需要多长时间才能赶到事故现场？

4）分析的细致程度

（1）风险分析需要达到怎样的详细程度？

（2）哪些类型的事件可以忽略？

（3）是否已经根据决策的重要度确定了分析的细致程度和边界条件？

5）数据建档

（1）有哪些参数和定量指标需要寻找输入数据？

（2）可以在哪里找到这些数据？

（3）对每一个数据源质量的信任度如何？

3. 识别危险和潜在的危险事件

这是风险分析过程中最重要的步骤之一。如果有一些危险或者危险事件没被识别出来，后续的分析过程就会忽略掉它们的影响。需要考虑问题如下。

1）识别危险和/或威胁

（1）哪些危险可以导致与系统相关的危险事件？

（2）这些危险位于何处？

（3）系统暴露在哪些类型的威胁之中？

（4）相关的威胁制造者有哪些？

（5）威胁制造者在哪里？

（6）它们喜欢攻击哪些资产？

2）识别危险事件

（1）哪些危险事件可能会发生？

（2）这些危险事件分别发生在系统的哪一部分？

在这一步骤是否应该采取措施避免危险事件的发生或者降低事件相关风险？

这个部分的分析有时候还会包括危险事件的风险筛查，目的是确定未来分析中是否需要考虑这些危险事件，以及分析这些事件需要的细致程度。

4. 确定每一个危险事件的原因和频率

需要对第 3 步中识别和找出的每一个危险事件进行因果分析。在这一步骤当中，最常使用的方法是故障树分析，需要考虑问题如下。

1）因果分析

（1）危险事件的原因是什么？（无论是表面原因还是根本原因都应该识别出来。）

（2）安装了哪些预防型安全栅用以避免或者降低危险事件发生的概率？

（3）这些安全栅的效果和可靠性如何？

（4）哪些事件的组合可能会导致危险事件？

2）频率分析

（1）我们是否掌握了用来确定危险事件频率的数据？

（2）危险事件发生的频率如何？（或者说，危险事件在指定的条件下发生的概率是多少？）

（3）哪些原因或事件是影响危险事件是否发生的最重要因素？

5. 识别由每一个危险事件引发的事故场景

每一个危险事件都会是一个或者多个最终会伤害到资产的事件序列的开始。通常可以使用事件树分析的方法识别并描述这些可能的事件序列。事故树上的每个路径都代表一个事故场景。而路径的终点称为最终事件，表示至少有一项资产受到了伤害。

1）构建事故场景

（1）安装了哪些被动型安全栅用于终止或者减轻来自危险事件的事故场景的影响？

（2）这些安全栅的效果和可靠性如何？

（3）有哪些外部事件和条件会影响到事件序列？

（4）哪些事件序列比较重要？

2）最终事件描述

（1）每一个事故场景（事件序列）的最终事件是什么？

（2）每一个最终事件都有哪些特质？

（3）哪些资产会受到伤害？

（4）资产被伤害的程度如何？

如果事故场景的最终事件对资产并不会造成任何严重的伤害，那么在接下来的风险分析中可以将其忽略。

6. 选择相关和典型的事故场景

第5步通常会识别出很多事故场景。有时候，场景的数量太多，逐个进行分析不切实际。实际上，识别出的事故场景中，有一些可能非常相似，后果完全相同或者基本相同。因此，有必要减少事件的数量，详细研究一些有代表性的事故场景。

1）选择有代表性的事故场景

（1）哪些事故场景会带来最坏的后果？

（2）哪些事故场景会带来可能出现的最坏后果？

（3）哪些事故场景可以代表更大规模的场景集合？

2）定义代表性场景

必须对每一个代表性场景进行定义，确定其范围。

(1) 该场景的特点有哪些?

(2) 哪里会发生危险事件?

(3) 危险事件会在何时 (哪个阶段) 发生?

7. 确定每一个事故场景的后果

在这个步骤中，需要识别代表性事故场景的最终事件的后果，并对其进行量化，主要问题包括:

(1) 最终事件会涉及哪些资产?

(2) 事故对于各项资产会有怎样的冲击?

(3) 系统存在哪些安全栅和安全功能，可以终止或者减轻最终事件的影响?(比如人员保护装置、消防设备等)

(4) 哪些 (内部和外部) 资源可以帮助减轻后果?(比如消防队、救护车)

8. 确定每一个事故场景的频率

在这个步骤当中，继续研究第 6 步选择的事故场景。第 4 步已经确定了相关危险事件的频率，如果已经掌握了相关输入数据的话，就可以使用事件树分析确定事故场景 (给定该危险事件) 的条件概率。

上述第 7 步和第 8 步的次序可以互换。如果首先进行第 7 步，可以确定每一个事故场景的可能后果，但会忽略那些后果并不严重的场景的频率分析，或者只进行非常粗浅的分析。与之相反，如果先进行第 8 步，每一个事故场景的频率都可以确定，但可能会忽略那些发生频率很低的场景的后果，或者只是进行非常简单的分析。

9. 评估不确定性

风险分析的结果总会存在多种不确定性，而这些不确定性的来源也不尽相同。除此之外，还需要进行与不确定性分析相关的敏感性分析。敏感性分析可以定义为检查计算或者模型的结果是否会随着假设的不同而发生变化。

在这一步骤中主要的问题如下。

1) 敏感性分析

(1) 关于敏感性的定量分析会改善风险评估吗 (即敏感性分析是否值得)?

(2) 哪些输入量最为重要?(通常需要使用多种重要度指标才能确定输入量的重要度。)

(3) 如果改变这些数值 (比如加倍或者减半)，对于风险会有什么样的影响?

2) 不确定性分析

(1) 定量不确定性分析会改善风险评估吗 (即是否值得)?

(2) 不确定性的主要来源是什么?

(3) 是否有进行复杂分析所需要的时间和资源?

(4) 不确定性的定量评估会改进决策吗? 决策将如何受到不确定性分析的影响?

（5）如何将不确定性告知决策者？

（6）分析结果的不确定性是由什么引起的？

① 选择的方法和模型。

② 使用的数据。

③ 进行的计算。

（7）什么原因引起了不确定性？

① 缺乏对于分析目标和（或）分析边界条件的规划，或者规划过于草率；时间方面的压力。

② 工作的质量控制不够。

③ 没有足够的现代计算机工具。

④ 研究团队能力有限。

很明显，将不确定性完全量化是不太可能的。但是，研究团队应该注意到不确定性的各种因素，并已经尽其所能降低不确定性。

10. 建立并描述风险状况图

风险分析最为重要的结果就是风险状况图，它列出了事故场景以及相关的频率和后果，其中后果有的时候也可以转化为严重度。风险状况图还可以称为后果集合。有时候，它还关系到为每一个危险事件建立的领结图。在这个步骤中，主要的问题包括：

（1）已经识别出并且选择了哪些需要进一步分析的危险事件？

（2）已经识别出并且选择了哪些需要进一步分析的事故场景？

（3）这些事故场景的频率分别是多少？

（4）每一个事故场景会产生哪些后果？

（5）是否可以用一系列领结图表示风险状况图？

（6）识别出的事故场景个体和总体风险级别分别是多少？

（7）风险级别是否合理？是否满足风险接受准则？风险状况图的表示方法有很多，比如：

① 列出所有的危险事件（第 3 步中识别出的）、这些事件的频率（第 4 步中确定的）以及危险事件引发的所有事故场景的后果集合和频率（第 7 步和第 8 步中确定的）。

② 列出所有的相关事故场景（第 5 步和第 6 步中识别和选择的），以及它们的频率和后果（第 7 步和第 8 步中确定的）。

如果只是分析了一些代表性的事故场景（如第 6 步），很重要的一点就是要记住这些场景所代表的集合中可能存在多个场景。如果要展示完整的风险状况图，就需要涵盖所有的场景。

11. 报告分析结果

必须要报告风险分析的结果，这样才能实现它的既定目标。在这一步骤中，有如下

问题需要考虑:

(1) 分析报告的要求是什么?

(2) 都有谁会阅读这份报告?

(3) 该报告(或者其中的一部分)是否面向公众发行?

(4) 该报告是否全面?

(5) 该报告如何发布?(比如通过相关媒体、会议、权威机构或者互联网)

(6) 报告当中是否有些部分需要其他的形式发布和展示?(比如通过海报和视频)

2.4 风险评价

2.4.1 风险评价程序

风险评价程序流程见图 2.9。风险评价各步骤的主要内容为:

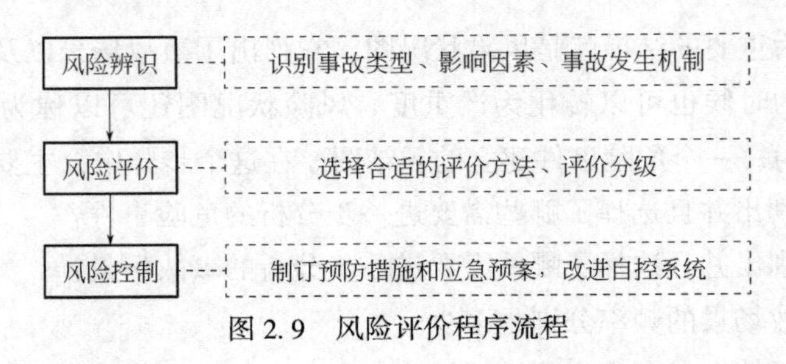

图 2.9 风险评价程序流程

(1) 准备阶段。明确被评价对象和范围，进行现场调查和收集国内外相关法律法规、技术标准及建设项目资料。

(2) 资料收集。明确评价的对象和范围，查看国内外的相关法律和标准，了解同类设备或工艺的生产和事故状况等。

(3) 危险、有害因素辨识与分析。根据建设项目周边环境、生产工艺流程或场所的特点，识别和分析其潜在的危险、有害因素。确定安全评价单元是在危险、有害因素识别和分析基础上，根据评价的需要，将建设项目分成若干个评价单元。划分评价单元的一般性原则是按生产工艺功能、生产设施设备相对空间位置、危险有害因素类别及事故范围划分评价单元，使评价单元相对独立，具有明显的特征界限。

(4) 确定评价方法。根据被评价对象的特点，选择科学、合理、适用的定性、定量评价方法。常用的安全评价方法有：事故致因因素安全评价方法，能够提供危险度分级的安全评价方法；可以提供事故后果的安全评价方法。

(5) 定性、定量评价。根据选择的评价方法，对危险、有害因素导致事故发生的可能性和严重程度进行定性、定量评价，以确定事故可能发生的部位、频次、严重程度的等级及相关结果，为制定安全对策措施提供科学依据。

（6）安全对策措施及建议。根据定性、定量评价结果，提出消除或减弱危险、有害因素的技术和管理措施及建议。安全对策措施应包括：总图布置和建筑方面安全措施；工艺和设备、装置方面安全措施；安全工程设计方面对策措施；安全管理方面对策措施；应采取的其他综合措施。

（7）安全评价结论。简要列出主要危险、有害因素评价结果，指出建设项目应重点防范的重大危险、有害因素，明确应重视的重要安全对策措施，给出建设项目从安全生产角度是否符合国家有关法律法规、技术标准的结论。

（8）编制安全评价报告。安全评价报告应当包括以下重点内容。

① 概述，包括安全评价依据，有关安全评价的法律法规及技术标准，建设项目可行性研究报告等建设项目相关文件。安全评价参考的其他资料：建设单位简介；建设项目概况、建设项目选址、总图及平面布置、生产规模、工艺流程、主要设备、主要原材料、中间体、产品、经济技术指标、公用工程及辅助设施等。

② 生产工艺简介。

③ 安全评价方法和评价单元，包括：安全评价方法简介；评价单元确定。

④ 定性、定量评价，包括：定性、定量评价；评价结果分析。

⑤ 安全对策措施及建议，包括：在可行性研究报告中提出的安全对策措施；补充的安全对策措施及建议。

⑥ 安全评价结论。

风险评价基本流程如图 2. 10 所示。

2. 4. 2　风险评价分级

风险评价分级的基本思想是基于风险理论的数学关系：风险程度=危险概率×危险严重度。如果能够定量计算出风险程度，则可根据风险程度水平来进行风险分级。但是，在实际的风险管理过程中，很难进行精确和定量的风险计算，因此常用定性或半定量的方法进行风险定量。

目前最广泛采用的具有代表性的一种方法是美国军用标准（MIL-STD-882）中提供的定性分级方法。该分级分别规定了危险严重性等级以及危险概率的定性等级，通过不同的等级组合进行风险水平分级。危险严重性等级和危险概率等级分别如表 2. 4 和表 2. 5 所示。

表 2. 4　危险严重性等级（MIL-STD-882）

分类等级	危险性	破坏	伤害
一	灾难性的(Catastrophic)	系统报废	死亡
二	危险性的(Dangerous)	主要系统损坏	严重伤害、严重职业病
三	临界的(Marginal)	次要系统损坏	轻伤、轻度职业病
四	安全的(Safe)	系统无损伤	无伤害、无职业病

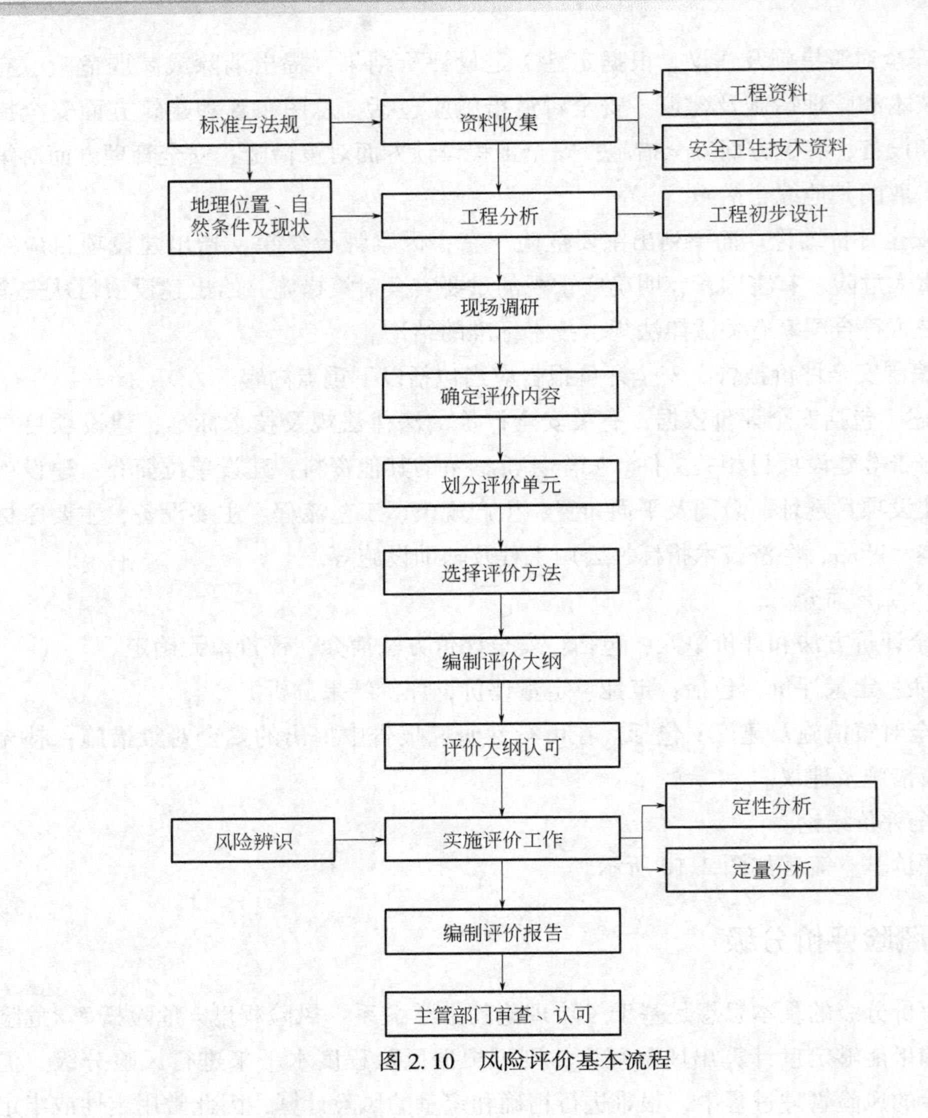

图 2.10　风险评价基本流程

表 2.5　危险概率等级（MIL-STD-882）

分类等级	特征	项目说明	发生情况
一	频繁	几乎经常出现	连续发生
二	容易	在一个项目使用寿命期中将出现若干次	经常发生
三	偶然	在一个项目使用寿命期中可能出现	有时发生
四	很少	不能认为不可能发生	可能发生
五	不易	出现的概率接近于零	可以假设不发生
六	不能	不可能出现	不可能发生

危险严重性等级和危险概率等级的组合，用半定量打分法的思想构成风险评价指数矩阵表，见表 2.6。应用表 2.6 的数值即可进行风险分级，这种方法称作风险评价指数

矩阵法，是一种评价风险水平和确定风险的简单方法。

表 2.6 风险定性分级

可能性＼严重性	灾难的	严重的	轻度的	轻微的
频繁	1	2	7	13
很可能	2	5	9	16
有时	4	6	11	18
极少	8	10	14	19
几乎不可能	12	15	17	20

用矩阵中指数的大小作为风险分级准则，即指数为 1~5 的为 1 级风险，是用人单位不能接受的；6~9 的为 2 级风险，是不希望有的风险；10~17 的是 3 级风险，是有条件接受的风险；18~20 的是 4 级风险，是完全可以接受的风险。

2.4.3 常用风险评估方法

风险评估旨在为有效的风险应对提供基于证据的信息和分析。风险评估包括风险识别、风险分析和风险评价三个步骤。

风险识别是发现、列举和描述风险要素的过程。风险识别的方法包括：

（1）基于证据的方法，如检查表法以及对历史数据的评审；

（2）系统性的团队方法，如一个专家团队遵循系统化的过程，通过一套结构化的提示或问题来识别风险；

（3）归纳推理技术，如危险与可操作性分析等。

风险分析是要增进对风险的理解。它为风险评价、决定风险是否需要应对以及最恰当的应对策略和方法提供信息支持。风险分析需要考虑导致风险的原因和风险源、风险事件的正面和负面的后果及其发生的可能性、影响后果和可能性的因素、不同风险及其风险源的相互关系以及风险的其他特性，还要考虑控制措施是否存在及其有效性。风险分析有一些常用的方法，对于复杂的应用可能需要多种方法同时使用。用于风险分析的方法可以是定性的、半定量的、定量的或以上方法的组合。风险分析所需的详细程度取决于特定的用途、可获得的可靠数据和组织决策的需求。定性的风险分析可通过重要性等级来确定风险后果、可能性和风险等级，如高、中、低三个重要性程度。可以将后果和可能性两者结合起来，并对照定性的风险准则来评价风险等级的结果。半定量化可利用数字评级量表来测度风险的后果和发生的可能性，并运用公式将两者结合起来，确定风险等级。量表的刻度可以是线性的，或者是对数的，或其他形式。定量分析可估计出风险后果及其发生可能性的实际数值，并产生风险等级的数值。

风险评价包括将风险分析的结果与预先设定的风险准则相比较，或者在各种风险的分析结果之间进行比较，确定风险的等级。风险评价利用风险分析过程中所获得的对风险的认识，对未来的行动进行决策。

风险评估活动适用于组织的各个层级，可涵盖项目、单个活动或具体事项等。但是在不同的情境中，所使用的风险评估方法可能会有差异。

选择合适的风险评估方法，有助于组织及时、高效地获取准确的评估结果。在具体实践中，风险评估的复杂及详细程度千差万别。风险评估的形式与结果应与组织的自身情况相适应。风险评估的方法有很多，既有定性分析，也有定量分析，这取决于不同风险评估方法的特点。

风险定性方法，往往带有较强的主观性，需要凭借分析者的经验和直觉，或者是以行业标准和惯例为风险各要素的大小或高低程度定性分级，虽然看起来比较容易，但实际上要求分析者具备较高的经验和能力，否则会因操作者经验和直觉的偏差而使分析结果失准。

定量分析是对构成风险的各个要素和潜在损失的水平赋予数值或货币金额，当度量风险的所有要素都被赋值，风险分析和评估过程的结果就得以量化。定量分析比较客观，但对数据要求较高，同时还需借助数学工具和计算机程序，其操作难度较大。

常用风险评估方法有检查表法、专家调查法、根原因分析法、失效模式影响及危害分析法、保护层分析法、预先危险分析法、二元语义。

1. 检查表法

1）理论

检查表法是根据安全检查表，将检查对象按照一定标准给出分数，对于重要的项目确定较高的分值，对于次要的项目确定较低的分值，总计 100 分。然后按照每一检查项目的实际情况评定一个分数，每一检查对象必须满足相应的条件时，才能得到这一项目的满分；当条件不满足时，按一定的标准将得到低于满分的评定分，所有项目评定分的综合将不超过 100 分。由此，就可以根据被检查风险单位的得分，评价风险的程度和等级。这种风险评价方式的优点是可以综合评价风险单位的状况，而检查表设计得是否翔实、是否考虑到引发风险的各方面因素，是检查表评价是否准确的关键。

检查表（check-lists）是一个危险、风险或控制故障的清单，而这些清单通常是凭经验（要么是根据以前的风险评估结果，要么是因为过去的故障）进行编制的。它是一种多路思维的方法，人们可根据清单中的检查项目，就一个方面，一条一条地想问题。这样，不仅有利于系统、周密地想问题，可使思维更具条理性，也有利于较深入地发掘问题和有针对性地提出更多的可行设想。按此表进行检查，以“是/否”进行回答。

检查表法可用来识别潜在危险、风险或者评估控制效果，适用于产品、过程或系统生命周期的任何阶段。它可以作为其他风险评估技术的组成部分进行使用，其中最主要的用途是检查在运用了识别新问题的更富想象力的方法之后，是否还存在遗漏的问题。检查表法对风险识别过程非常适用，对风险分析和风险评价都不适用。

检查表可作为由经验得来的危险、风险或失效控制的列表，也可作为事前风险评估或事后失败结果的列表。

检查表的主要构成如下：

（1）活动或项目，即运用检查表法进行风险识别所涉及的范围和业务过程等；

（2）检查项目，即针对具体的活动或项目，凭借以前活动或项目中所遇到的风险，形成检查项目的模板和问题清单；

（3）检查结论，包括检查后的判断和结论描述，即针对每个检查项目在组织实际运行中的事实描述和判断计量；

（4）参考文件，包括制度、标准、规范等。

检查表法的优点包括：

（1）简单明了，非专业人士也可以使用；

（2）如果编制精良，可将各种专业知识纳入便于使用的系统中；

（3）有助于确保常见问题不会被遗漏。

检查表法的局限性表现在：

（1）只能进行定性分析；

（2）可能会限制风险识别过程中的想象力；

（3）鼓励在方框内画钩的习惯；

（4）往往基于已观察到的情况，不利于发现以往没有被观察到的问题。

2）操作

（1）输入。输入内容包括有关某个问题的事先信息及专业知识。如可以选择或编制一个相关的，最好是经过验证的检查表。

（2）输出。输出结果取决于应用该结果的风险管理过程的阶段。例如，输出结果可以是一个控制措施评估清单或风险清单。

（3）步骤：组成检查表编制组，确定活动范围；依据有关标准、规范、法律条款及经验，选择设计一个能充分涵盖整个范围的检查表；使用检查表的人员或团队应熟悉过程或系统的各个因素，同时审查检查表上的项目是否有缺失；按此表对系统进行检查。具体如下：

① 确认风险识别的范围和业务过程；

② 团队组建。针对本次风险识别的范围和业务过程，选择针对业务数量、有一定专业知识背景和技能的风险识别小组成员。

③ 检查表的编制。针对本次风险识别的范围和业务过程所涉及的具体的活动或项目，凭借以前活动或项目中所遇到的风险，形成检查项目的模板和问题清单。如果是首次运用检查表法的组织，还可使用类似组织或其他组织开发的检查表，形成当前适宜的风险识别检查项目。编制的检查表要征询专家或对项目或活动熟悉的人员的意见，以便对检查项目进行修订和完善。选择参考检查表时，要考虑其系统和结构化，是否能充分涵盖整个范围，是否来自最佳实践，最好是经过验证的检查表。针对识别新风险的检查

表不可以使用标准控制的检查表。编制检查表时，还需要在全面的基础上，突出重点；描述要简单明了，层次清晰，直观易懂。

④ 实施。在运用检查表进行风险识别的过程中，要求对检查结论详细如实地描述和记录，要注明场所、日期、项目活动、所参考的文件等。针对判断结论可用提前策划的符号进行标注，如正、+等。

假设确定的项目/活动为分包方的管理，根据分包方的管理业务流程，给出风险识别各项所要检查内容的文字描述，由被检查者进行判断。给出判断符号的标志为："√"代表完全满足，"×"代表不满足，"○"代表不确定。由使用检查表的人员或团队综合给出逐项的检查结论，并注明参考文件名称。检查表示例如表 2.7 所示。

表 2.7 检查表示例

序号	项目或活动	检查项目	判断	检查结论	参考文件
	分包方管理	与分包方签订的合同公正吗？ 分包方的信誉好吗？ 分包方有可能倒闭吗？ 分包方及时交付质量合格的产品（或部件）吗？ 分包方有能力做好售后服务吗？ ……			

2. 专家调查法

1）理论

专家调查法就是通过对多位相关专家的反复咨询及意见反馈，确定主要风险因素，然后制成风险因素估计调查表，再由专家和相关工作人员对各风险因素在项目建设期或分析期内出现的可能性以及风险因素出现后对公司价值的影响程度进行定性估计，最后通过对调查表的统计整理和量化处理，获得各风险因素的概率分布和对公司价值的可能的影响结果。企业组织各领域专家运用专业方面的知识和经验，根据企业的内外环境，通过直观的归纳，对企业过去和现在的状况、变化发展过程进行综合分析研究，找出企业运动、变化、发展的规律，从而对企业未来的发展趋势做出判断。由于这种方法的成本较高，大部分企业只采用其中的标准化调查法，即通过专业人员、咨询企业、协会等，就企业可能遇到的问题加以详细调查和分析，形成报告文件供企业经营者参考。该方法的优点是标准化，缺点是对于特定企业而言，无法提供特定的问题，损失暴露的一些个性特征。

专家调查法应用广泛，多年来信息研究机构采用专家个人调查和会议调查完成了许多信息研究报告，为政府部门和企业经营单位决策提供了重要依据。20 世纪 60 年代中期，国外许多政府机构和公司企业热衷于建立电子计算机数据处理系统，但是，实践表明，利用专家头脑的直观判断仍具有强大的生命力，专家的作用和经验是电子计算机无法完全取代的。在许多情况下，只有依靠专家才能做出判断和评估。20 世纪 60 年代以后，专家调查法被世界各国广泛用于评价政策、协调计划、预测经济和技术、组织决策等活动中。这种方法比较简单、节省费用，能把有理论知识和实践经验的各方面专家对同一问题的意见集中起来。它适用于研究资料少、未知因素多、主要靠主观判断和粗略估计来确定的问题，是较多地用于长期预测和动态预测的一种重要的预测方法。

专家调查法的特点有：

（1）函询。用通信方式反复征求专家意见，调查人与调查对象之间的联系是通过书信来实现的。

（2）多向。调查对象分布于不同的专业领域，在同一个问题上能了解到各方面专家的意见。

（3）匿名。通过调查组织者的整理，调查对象可以了解到其他专家的意见。但他们是背靠背、不记名的，互不了解对方为谁。这有助于他们发表独立的见解。

（4）反复。有控制地进行反馈的迭代，使分散的意见逐步趋向一致，以发挥集体智慧。

（5）集中。用统计方法集中所有调查对象的意见，把每个专家的个人判断尽可能反映在最后归纳的集体意见中。

从上述特点可知专家调查法是比较科学的，有广泛的用途，但是交换信件耗费时间，不能面对面讨论，所提问题很难提得很明确而不需要进一步解释，最后得出的一致意见具有一定程度的人为强制性。若与其他调查方法配合使用，就能取得更好的效果。

下列三种典型情况下，利用专家的知识和经验是有效的，也是唯一可选用的调查方法：

（1）数据缺乏：数据是各种定量研究的基础。然而，有时数据不足，或数据不能反映真实情况，或采集数据的时间过长，或者付出的代价过高，因而无法采用定量方法。

（2）新技术评估：对于一些崭新的科学技术，在没有或缺乏数据的条件下，专家的判断往往是唯一的评价根据。

（3）非技术因素起主要作用：当决策的问题超出了技术和经济方面涉及生态环境、公众舆论以致政治因素时，这些非技术因素的重要性往往超过技术本身的发展因素，因而过去的数据和技术因素就处于次要地位，在这种情况下，只有依靠专家才能做出判断。此外，由于原始信息量极大，决策涉及的相关因素（技术、政治、经济、环境、心理、文化传统等）过多，计算机处理这样大的信息量，费用很高。这时，从费用效果考虑，也应采用专家调查法。

2）操作

（1）确定主持人，组织专门小组。

（2）拟定调查提纲。所提问题要明确具体，选择得当，数量不宜过多，并提供必要的背景材料。

（3）选择调查对象。所选的专家要有广泛的代表性，他们要熟悉业务，有特长、一定的声望、较强的判断和洞察能力。选定的专家人数不宜太少也不宜太多，一般以10~50

人为宜。

（4）轮番征询意见。通常要经过三轮：第一轮是提出问题，要求专家们在规定的时间内把调查表格填完寄回；第二轮是修改问题，请专家根据整理的不同意见修改自己所提意见，即让调查对象了解其他见解后，再一次征求他本人的意见；第三轮是最后判定，把专家们最后重新考虑的意见收集上来，加以整理。有时根据实际需要，还可进行更多轮的征询活动。

（5）整理调查结果，提出调查报告。对征询所得的意见进行统计处理，一般采用中位数法，把处于中位数的专家意见作为调查结论，并进行文字归纳，写成报告。从上述工作程序可以看出，专家调查法能否取得理想的结果，关键在于调查对象的人选及其对所调查问题掌握的资料和熟悉的程度，调查主持人的水平和经验也是一个很重要的因素。

3. 根原因分析法

1）理论

根原因分析（root cause analysis，RCA），又称损失分析（loss analysis），是一项结构化的问题处理方法，用以逐步找出问题的根本原因并加以解决，而不是仅仅关注问题的表征。RCA 是一个系统化的问题处理过程，包括确定和分析问题原因，找出问题解决办法并制定问题预防措施。在组织管理领域内，RCA 能够帮助利益相关者发现组织问题的症结，并找出根本性的解决方案。RCA 试图识别事故的根本或最初原因，而不是仅仅处理非常明显的表面“症状”。

组织的多数疑难杂症都有不止一种应对之法，这些各不相同的解决之法，对于组织来说也有不同程度的资源需求。因为这种关联性的存在，就需要有一种最为有利的方案，能够快速、妥善地解决问题。因此，只顾解决表面原因而不管根本原因的解决之法成为一种普遍现象，就不足为怪了。然而，选择这种急功近利的问题解决办法，治标不治本，问题免不了要复发，其结果是组织不得不一而再、再而三地重复应对同一个问题。可以想象，这些方法的累积成本肯定是惊人的。RCA 的目标是找出：问题（发生了什么）；原因（为什么发生）；措施（什么办法能够阻止问题再次发生）。所谓根本原因，就是导致人们所关注的问题发生的最基本的原因。因为引起问题的原因通常有很多，物理条件、人为因素、系统行为或者流程因素等，通过科学分析，有可能发现不止一个根源性原因。RCA 适用于各种环境，拥有广泛的使用范围：安全型 RCA 用于事故调查和职业健康及安全；故障分析 RCA 用于与可靠性及维修有关的技术系统；生产型 RCA 用于工业制造的质量控制领域；过程型 RCA 关注的是经营过程；作为上述领域的综合体，系统型 RCA 主要用于处理复杂系统的变革管理、风险管理及系统分析。

RCA 提供了一个分析问题的简单易行的方法，该方法通过正确的提问来引导思考，快速有效地定位问题的原因。这个分析工具可用于产品的设计和生产阶段的失效模式鉴别，做好 RCA 工作的好处有：

（1）提供了一个鉴定和证实特定问题原因的逻辑思维方法；

（2）有助于使组织完成失效模式鉴定的方式规范化，有助于证实产品设计和生产过程中的失效模式和效应分析的失效模式，进而更准确地进行风险评估；

（3）提供了一个简单、恰当的决定和评估可能原因的方式；

（4）适用于产品研发过程的各个阶段，有助于许多工程领域问题的根本原因分析。

RCA 的局限性包括：

（1）未必有所需的专家；

（2）关键证据可能在故障中被毁或在清理中被删除；

（3）团队可能没有足够的时间或资源来充分评估情况；

（4）可能无法充分执行建议。

2）操作

（1）输入。RCA 的基本输入数据是从故障或损失中搜集的证据。分析中也可以考虑其他类似故障的数据。其他输入数据可以是为了测试具体假设而得出的结果。

（2）输出。RCA 的输出结果包括：记录收集的数据及证据；分析假设；归纳有关最有可能造成故障或损失的原因；纠正行为的建议。

（3）识别出 RCA 的需求之后，应指定一群专家开展分析并提出建议。专家的类型主要取决于分析故障时所需的具体专业知识。虽然可以使用不同的方法进行分析，但开展 RCA 的基本步骤是相似的，包括以下方面：

① 组建团队；

② 确定 RCA 的范围及目标；

③ 搜集有关故障或损失的数据及证据；

④ 开展结构化分析，以确定根本原因；

⑤ 找出解决方案并提出建议；

⑥ 执行建议；

⑦ 核实所执行建议的成效。

结构化分析方法可以包括下列某一种方法：

① 5-why 法，即反复询问“为什么?”，以剥离原因层及次原因层；

② 失效模式和效应分析；

③ 故障树分析；

④ 鱼骨图（鱼刺图）；

⑤ 帕累托分析；

⑥ 根原因图。

对可能原因的评价经常开始于明显的客观原因，然后是人为的原因，最后是潜在的管理或基本原因。相关各方必须对识别出的事故原因进行控制或消除，以便纠正行为取得效果并富有价值。

RCA 具体过程如下：

（1）界定问题，明确与问题相关的条件，找出哪些可能和哪些不可能与特定问题有关的因素。

（2）描述并界定特定问题的可能原因。通过背景资料和数据（可来自故障树分析、失效模式和效应分析或其他失效分析结论、试验结果、模拟研究结论、预试验结果等）说明每个原因。为了挖掘根本原因及其影响，可能需要预先进行假设，并对假设进行定量或者定性的验证。

（3）通过统计分析工具或者工程判断将可能原因列表，评估后判定最有可能的根本原因。采用的评估判定方法可以是诸如假设检验，或利用试验分析技术进行定量统计，如果数据本来就是定量的，那么就运用决策技术以找出主要原因，或采取格式化的（决策树或效益矩阵）或者非格式化的（比较分析）决策技术来缩小根本原因所在的范围。

（4）通过现场试验、实验室实验或者过程描述提供准确定位真正原因的有效信息，用有助于再现问题的手段，在不同的环境条件下多次模拟可以提高置信水平。

4. 失效模式影响及危害度分析法

1）理论

失效模式影响及危害度分析法（failure mode effects and criticality analysis，FMECA）是一种自下而上（bottom-up）分析方法，可用来分析、审查系统的潜在故障模式。FMECA 按规定的规则记录系统中所有可能存在的影响因素，分析每种因素对系统的工作及状态的影响，将每种影响因素按其影响的严重程度及发生概率排序，从而发现系统中潜在的薄弱环节，提出可能采取的预防改进措施，以消除或减少风险发生的可能性，保证系统的可靠性。根据其重要性和危害程度，FMECA 可对每种被识别的失效模式进行排序。FMECA 可协助挑选具有高可靠性的替代性设计方案；确保所有的失效模式及其对运行成功的影响得到分析；列出潜在的故障并识别其影响的严重性；为测试及维修工作的规划提供依据；为定量的可靠性及可用性分析提供依据。FMECA 可以为其他风险方法（如定性及定量的故障树分析）提供数据支持。

FMECA 拓展了 FMEA（失效模式和效应分析）的使用范围。根据其重要性和危害程度，FMECA 可对每种被识别的失效模式进行排序。如将 FMEA 和 FMECA 联合使用，其应用范围更为广泛。FMEA 通常是定性或半定量的，在可以获得实际故障率数据的情况下也可以定量化。

FMECA 适用于对失效模式、影响及危害进行定性或定量分析，还可以对其他风险识别方法提供数据支持。

FMECA 的优点有：

（1）广泛适用于人力、设备和系统失效模式，以及硬件、软件和程序；

（2）识别组件失效模式及其原因和对系统的影响，同时用可读性较强的形式表现出来；

（3）通过在设计初期发现问题，从而避免了开支较大的设备改造；

（4）识别单点失效模式以及对冗余或安全系统的需要。

FMECA 的局限性表现在：

（1）只能识别单个失效模式，无法同时识别多个失效模式；

（2）除非得到充分控制并充分集中精力，否则研究工作既耗时又开支较大。

2）操作

FMECA 的输出包括对于系统失效的可能性、失效模式导致的风险等级、风险等级和“探测到”的失效模式的组合等方面的重要性进行排序。如果使用合适的故障率资料和定量后果，FMECA 可以输出定量结果。

对于 FMECA，研究团队需要根据故障结果的严重性，将每个识别出的失效模式进行分类。

（1）将系统分成组件或步骤，并确认各部分出现明显故障的方式、造成这些失效模式的具体机制、故障可能产生的影响、失败是无害的还是有破坏性的、故障如何检测。

（2）根据故障结果的严重性，将每个识别出的失效模式进行分类并确定风险等级。通常情况下，风险等级可以通过故障模式后果与故障发生的概率的组合获得，并定性、半定量或定量地表达。

（3）识别风险优先级，这是一种半定量的危害度测量方法，其将故障后果、可能性和发现问题的能力（如果故障很难发现，则认为其优先级较高）进行等级赋值（通常在 1~10 之间）并相乘来获得危险度，

（4）FMECA 将获得一份故障模式、失效机制及其对各组件或者系统或过程步骤影响的清单，该清单将包含系统失效的可能性、失效模式导致的风险程度等结果，如果使用合适的故障率资料和定量后果，FMECA 可以输出定量结果。

采用 FMECA 方法进行供应链风险管理，需要对常用风险管理过程各个阶段的主要任务进行一定的调整：

（1）风险识别。供应链经营过程中会遭遇的风险源可以分为五类：环境风险源、需求风险源、供应风险源、程序风险源，以及控制风险源。环境风险源分为四类：政治环境、法律环境、自然环境以及经济环境，四者合称为“总体环境”。需求风险源以及供应风险源分别以需求市场和供应市场为代表，两者合称为“市场环境”。程序风险源以及控制风险源则是以“组织”、“程序”以及“控制”三方面为代表，三者合称“公司本身因素”。风险源识别均采用问卷衡量方法，每个维度均采用五点量表，根据公司情况，针对各风险源确定相对程度。

（2）风险衡量。与传统风险衡量采用发生概率与潜在损失大小两个指标不同，FMECA 方法采用“发生可能性”“影响程度”“侦测程度”“控制程度”四个因子来衡量风险。四个因子的衡量均采用 5 等分法，如表 2. 8 所示。

表 2.8 风险衡量因子评分等级

衡量因子	衡量标准
发生可能性	1 —— 2 —— 3 —— 4 —— 5 可能性低 可能性高
影响程度	1 —— 2 —— 3 —— 4 —— 5 轻微 严重
侦测程度	1 —— 2 —— 3 —— 4 —— 5 容易侦测 不易侦测
控制程度	1 —— 2 —— 3 —— 4 —— 5 容易控制 不易控制

（3）风险评估。根据四个风险衡量因子，可以计算出各个风险时间的风险优先系数，对这些系数进行排列，可以确定企业的主要风险关注对象。当然，风险评估是一个动态的过程。

5. 保护层分析法

1）理论

保护层分析（layer of protection analysis，LOPA）作为一种半定量方法，可估算与不期望事件或危险情景相关的风险，并且将其与风险容许界限比较，以确定现有的控制措施是否合适。

LOPA 的典型应用是在执行了预先危险分析之后，以预先危险分析的信息为基础进一步考虑安全设计问题。LOPA 可以定性使用，用来简单分析现有的危害防护措施。LOPA 也可以半定量使用，在应用完 HAZOP 或预先危险分析之后进行更为严格的检查。通过分析各防护措施产生的风险预防效力，LOPA 也可以用来对资源进行合理配置。

LOPA 的优点包括：

（1）与故障树或其他定量风险分析方法相比，它需要更少的时间和资源，但是比定性的主观判断更为严格；

（2）它有助于识别并将资源集中在最关键的保护层上；

（3）它识别了那些缺乏充分安全措施的运行、系统及过程；

（4）它关注最严重的结果。

LOPA 的局限性表现在：

（1）LOPA 每次只能分析一个因果和一个情景，并没有涉及风险或控制措施之间的相互影响；

（2）量化的风险可能没有考虑到普通模式的失效；

（3）LOPA 并不适用于很复杂的情景，如有很多因果对的情景，或有很多结果影响不同利益相关方的情景。

2）操作

（1）输入：有关风险的基本信息；有关现有或建议控制措施的信息；原因事件概率、保护层故障、结果措施及可容许风险定义；初始原因概率、保护层故障、结果措施及可容许风险定义。

（2）输出：可给出需要进一步采取的控制措施，以及这些控制措施在降低风险方面效果的建议。

（3）程序：LOPA 可以通过专家团队运用下列程序实施——识别不良结果的初始原因并查找有关其概率和结果的数据；选择一个因果对；识别现有的保护层，同时对它们的效力进行分析；识别独立保护层；估计每个独立保护层的失效概率；保护层的综合影响应与风险承受度进行比较，以确定是否需要进一步的保护。

6. 预先危险分析法

1）理论

预先危险分析（primary hazard analysis，PHA）是一种简单易行的归纳分析法，其目标是识别危险以及可能给特定活动、设备或系统带来损害的危险情况及事项。

这是一种在项目设计和开发初期最常用的方法。因为当时有关设计细节或操作程序的信息很少，所以这种方法经常成为进一步研究工作的前提，同时也为系统设计规范提供必要信息。在分析现有系统，从而将需要进一步分析的危险和风险进行排序时，或是现实环境使更全面的技术无法使用时，这种方法会发挥更大的作用。

PHA 的优点包括：在信息有限时可以使用；可以在系统生命周期的初期考虑风险。

PHA 的局限性表现在：只能提供初步信息，它不够全面也无法提供有关风险及最佳风险预防措施方面的详细信息。

2）操作

PHA 的输入包括：被评估系统的信息；可获得的与系统设计有关的细节。

PHA 的输出包括：危险及风险清单；包括接受、建议控制、设计规范或更详细评估的请求等多种形式的建议。

通过考虑如下因素来编制危险、一般性危险情况及风险的清单：

（1）使用或生产的材料及其反应；

（2）使用的设备；

（3）运行环境；

（4）布局；

（5）系统组成要素之间的分界面等。

对不良事件结果及其可能性可进行定性分析，以识别那些需要进一步评估的风险。若需要，在设计、建造和验收阶段都应展开预先危险分析，以探测新的危险并予以更正。对获得的结果可以使用诸如表格和树状图之类的不同形式进行表示。

7. 二元语义

1）理论

西班牙的著名学者赫雷拉（Herrera）教授在 2000 年首次提出了二元语义，将语言信息转化成模糊数，然后对模糊数进行计算，能够保证信息在处理过程中的完整和真实。评价结果由二元组 s_k，α_k 来表示。其中，一些定义如下：

（1）语言评价集 s：$s=s_0=\text{FC}$（非常差），$s_1=\text{C}$（差），$s_2=\text{YB}$（一般），$s_3=\text{Z}$（重要），$s_4=\text{FZ}$（非常重要）。

（2）α_k 为符号转移值，满足 $\alpha_k\in[-0.5, 0.5)$，表示得到的语言信息集与语言信息集 s 中 s_k 之间的偏差。

2）操作

本部分利用二元语义进行商业银行的风险评估。

（1）商业银行风险指标体系的建立。风险评级指标体系的设计决定了风险评价系统的质量。在骆驼信用评级指标的框架基础之上，选取了14个定量指标、24个定性指标建立指标体系。定量指标比较全面地勾勒出了商业银行风险的整体面貌。定性指标很好地补充了定量方面的不足，将动态因素考虑进去，使得指标不再仅仅是截面时点数据，更重要的是反映了风险变化的趋势。

（2）商业银行风险评价指标权重的确定。基于层次分析法的主观权重确定。

（3）基于二元语义的语言评价值计算。在商业银行风险评价指标体系中，定性指标的数据是通过决策专家群体运用语言形式给出的。其计算方法如下：

① 语言评价集 s：$s=s_0=\text{FC}$（非常差），$s_1=\text{C}$（差），$s_2=\text{YB}$（一般），$s_3=\text{Z}$（重要），$s_4=\text{FZ}$（非常重要）；设评价者集 $E_i=(e_1,e_2,\cdots,e_m)$，$i=1,2,\cdots,m$；评价者的权重集 $W_i=(w_1,w_2,\cdots,w_m)$，评价指标集 $A_j=(a_1,a_2,\cdots,a_j)$，$j=1,2,\cdots,n$，评价者 E_i 对评价指标 A_j 做出的语言评价为 y_{ij}，从而形成评价矩阵 $\boldsymbol{R}$。

② 对评价值进行集结，处理如下：

$$(\bar{s},\bar{\alpha})=\Phi((s_1,\alpha_1),(s_2,\alpha_2),\cdots,(s_q,\alpha_q))=\Delta\left(\sum_{i=1}^{q}\omega_i\Delta^{-1}(s_i,\alpha_i)\right) \tag{2.3}$$

式中，$\bar{s}\in S,\bar{\alpha}\in[-0.5,0.5]$，$q$ 为个数，w 为权重。指标权重向量 $\boldsymbol{v}=(v_1,v_2,\cdots,v_m)$ 已由层次分析法给出。

（4）风险的综合评价——定性与定量指标的集结。P_1 与 P_2 分别表明了从定量指标与定性指标评估该银行风险较低的可能性。把这两个概率值加权相加可以得到整体评估结果。此次设定两方面权重各为0.5。P_1 与 P_2 加权相加得到最后的 P 值，$P_j=0.5P_{1j}+0.5P_{2j},j=1,2,\cdots,n$。由于定性指标集结后为二元语义形式，需将二元语义转化为数字形式，具体公式如下：

$$P_{2j}=\beta/S$$

式中，$\beta\in[0,g]$ 为语言评价集经集结方法得到的实数；S 为语言评价集元素的个数。

（5）实证分析。选取三家商业银行——A银行、B银行、C银行。定量数据来源于其年度审计报告数据。将搜集到的数据进行归一化处理，并进行加权集结得到三家银行综合评分为92.35分、90.82分、84.05分。聘请三位专家对这三家银行进行评审。为方便起见各评价指标采用相同的粒度，语言评价集及含义为：$S=(s_0=\text{HC}$（很差），$s_1=\text{C}$（差），$s_2=\text{YB}$（一般），$s_3=\text{H}$（好），$s_4=\text{HH}$（很好））；专家给出的评价信息运用二元语义集结算子进行计算，得出三家公司的风险评价结果的二元语义组为（s_1，

-0.3697)，(s_2，-0.4765)，(s_3，0.4967)。相应 P 值为 52.62、50.49、49.97。经计算三家银行的综合风险评价得分分别为 A 银行 72.48 分，B 银行 70.65 分，C 银行 67.01 分，由此可见，三家商业银行风险水平从低到高顺序依次为 A 银行、B 银行、C 银行。

2.4.4 风险控制和风险降低

主要有两类降低风险的措施：

(1) 预防型措施，目的是降低危险事件的频率，这些措施也被称为主动措施或者频率降低措施。

(2) 缓解型措施，目的是避免或者减轻潜在危险事件的后果，这些措施也被称为被动措施或者后果减轻措施。

一般来说，只要有可能，应该优先采取频率降低措施，然后再考虑后果减轻措施。

2.4.5 能量与安全栅模型

能量与安全栅模型的构建理念是：事故是可以被解构分析的，人们通过关注危险能量、使用可靠的方法将能量与易损资产分离，来避免事故发生。这类模型对于实际安全管理有着重大的影响。

一个能量与安全栅模型包括下列基本元素：

(1) 能量源。绝大多数系统都有一系列能量源。

(2) 安全栅。安全栅有很多种类型，可以按照下面的方法对安全栅分类：

① 物理型，如障碍物、屏障、警卫、围墙、栅栏等。

② 功能型，如机械（互锁）、逻辑、空间隔离或使用密码。

③ 符号型，如标识和信号、工序。

④ 非物型，如规则、法律、宗教信仰、文化传统。

(3) 能量路径。从能量源到易损资产的路径，可能是空气、管道、电线等。

(4) 资产。曝露在能量中的资产可能是人、财产、环境等。

1. 安全栅分析

通过安全栅分析，可以识别出能够避免事故发生或者减少事故概率和严重程度的行政、管理和实体安全栅。安全栅分析方法包括：

(1) 能量流与安全栅分析（energy flow and barrier analysis，EFBA）。

(2) 保护层分析（layer of protection analysis，LOPA）。

(3) 安全栅与运行风险分析（barrier and operational risk analysis，BORA）。

2. 哈顿模型

威廉姆·哈顿（William Haddon）是一位物理学家兼工程师，他在 20 世纪 50 年代后期参与了美国公路安全设计工作，并开发出一个分析伤害情况的框架。在这个框架中，伤害主要包括三个方面的属性：

(1) 人，特指有受伤风险的人。

(2) 设备，能量（机械能、热能、电能）可以通过物品或者路径（其他人或者动物）传递给人。

(3) 环境，包括事故发生环境（比如道路、建筑和体育设施）的所有特征、社会和法律规范，以及当时的文化和社会习惯（比如纪律要求、饮酒量控制、毒品管控）。

哈顿进一步从三个阶段分析了上述的三种属性：

(1) 伤害前阶段。如果找出原因并采取行动（比如水池边修建围栏、高速公路分来往车道、良好的路况和房屋设计），可以避免伤害事件的发生。

(2) 伤害阶段。在事件实际发生的时候，通过设计和实施保护机制（比如佩戴护齿套、使用安全带和头盔），可以避免伤害或者减少伤害的严重程度。

(3) 伤害后阶段。事件发生之后立刻采取足够的措施（比如第一时间进行急救这类医学治疗），可以减轻受伤和致残的严重程度，从长期看可以尽可能恢复受伤人员的生理健康和心理健康。

哈顿事故预防方法主要包括三个元素：

(1) 事件因果序列。

(2) 哈顿矩阵。

(3) 哈顿的十项策略。

为了确定哈顿矩阵中包含的元素，推荐使用导致伤害发生的“事件因果序列”这个词汇。

哈顿矩阵通过三阶段（伤害前、伤害中和伤害后）和三属性（人、设备和环境）模型识别出避免伤害的措施，如表 2.9 所示。环境有的时候还可以分为两个子属性：物理环境和社会环境。

表 2.9　哈顿矩阵（案例为一起交通事故）

		属性		
		人	设备	环境
阶段	伤害前	培训 警报	维护 ESP 系统	道路质量 天气
	伤害中	反应 稳定性	气囊 头枕	路中隔离栅
	伤害后	急救 救护车	开门的概率 石油泄漏	逃生条件

3. 哈顿的十项策略

哈顿的基本观点是，如果在能量源和观察对象之间缺乏有效的安全栅，资产受到有害能量的影响，就意味着事故发生。他将已知的事故预防原理系统化，总结出了降低损失的十项策略。每一项策略都可以对应表 2.9 中的一个介入点。

1）伤害前阶段

（1）终止能量凝聚（比如避免酒驾、使用无毒材料）。

（2）限制能源量（比如减少储油量、降低速度）。

（3）避免不受控状态下的释放（比如使用互锁装置、强化容器）。

2）伤害阶段

（4）降低能源释放速度，或者分散能量源（比如降低汽车行驶速度、降低燃烧速度）。

（5）将受害者和释放的能量在时间和（或）空间上进行分离（比如远程控制系统、触摸不到的电线）。

（6）通过物理安全栅（比如防火墙、闸和门）将受害者和能量隔离。

（7）修改能量的某些属性，包括接触面、表面以下或者基本结构（比如汽车中的填充物接触区和气囊）。

（8）增强原本脆弱的观察对象对于来自能量流的破坏的抵抗力（比如各种训练和培训项目、抗震结果等）。

3）伤害后阶段

（9）限制伤害进一步发展（比如灭火系统、紧急医疗救助）。

（10）采取措施减轻伤害（比如中长期的医学治疗）。

策略（1）、（2）、（3）和（7）的目标是消除或者改变危险，而（5）和（6）试图限制危险源与受害者或者资产的接触。策略（8）、（9）和（10）主要是保护人员和资产，以及恢复其健康状态。很多更高级别的控制策略也是以这十项基本策略作为参考的。

哈顿的十项策略可以概括为四个方面：

（1）终止、替换及（或）最小化。本安型设计体现的就是这一策略，比如通过避免使用危险物品，使用危险性较低的物品替换危险物品，以及尽量减少系统中使用和储藏的危险物品，来实现本安型设计。

（2）预防。该策略包括降低一个或者多个危险事件的概率或者频率，可以通过设计变更或者实施预防型安全栅来实现。

（3）检测和警告。这意味着将危险事件的信息传送给控制系统和操作人员，这样他们就可以介入以防止危险事件发生。

（4）缓解。可以通过以下方式实现缓解：引入响应型安全栅终止由危险事件导致的能量释放，或者降低能量释放的速度；将资产与能量隔离（比如采用围栏、防火墙等）；使资产不那么容易受到负面影响（比如让工人佩戴安全帽、身着防护服）；改进急救和恢复系统（包括救护车、医院等）。

必须要评价风险降低措施，对可能的风险降低程度和实施措施（单一措施或者多项措施的组合）的成本进行比较。

2.4.6 人为错误的控制

事故预防需要降低人为错误的数量，或者让系统的容错能力更强。控制和避免人为错误的策略主要有三种：

（1）减少错误。这种策略是设计系统帮助用户避免错误，或者在错误刚刚出现的时候进行修正。

（2）捕捉错误。这种策略的意图是在错误导致任何负面后果之前“捕捉”到错误。捕捉错误策略的例子包括项目监理和第三方检查。

（3）容忍错误。这种策略体现在系统能够接受一个错误，并且不会造成严重的后果。

习题及思考题

1. 简述风险管理过程。
2. 简述风险识别流程。
3. 定量风险分析一般包括哪些步骤？
4. 降低风险的控制措施有哪些？
5. 简述风险评价程序。

第3章 安全生产技术措施

3.1 安全技术措施概述

安全技术措施按照行业可分为煤矿安全技术措施、非煤矿山安全技术措施、石油化工安全技术措施、冶金安全技术措施、建筑安全技术措施、水利水电安全技术措施、旅游安全技术措施等；按照危险、有害因素的类别可分为防火防爆安全技术措施、锅炉与压力容器安全技术措施、起重与机械安全技术措施、电气安全技术措施等；按照导致事故的原因可分为防止事故发生的安全技术措施、减少事故损失的安全技术措施等。

3.1.1 防止事故发生的安全技术措施

防止事故发生的安全技术措施是指为了预防事故发生，采取的约束、限制能量或危险物质，防止其意外释放的技术措施。常用的防止事故发生的安全技术措施有消除危险源、限制能量或危险物质、隔离等。

（1）消除危险源。消除系统中的危险源，可以从根本上防止事故的发生。但是，按照现代安全工程的观点，彻底消除所有危险源是不可能的。因此，人们往往首先选择危险性较大、在现有技术条件下可以消除的危险源，作为优先考虑的对象。可以通过选择合适的工艺、技术、设备、设施，合理的结构形式，选择无害、无毒或不能致人伤害的物料来彻底消除某种危险源。

（2）限制能量或危险物质。限制能量或危险物质可以防止事故的发生，如减少能量或危险物质的量，防止能量蓄积，安全地释放能量等。

（3）隔离。隔离是一种常用的控制能量或危险物质的安全技术措施。采取隔离技术，既可以防止事故的发生，也可以防止事故的扩大，减少事故的损失。

（4）故障安全设计。在系统、设备、设施的一部分发生故障或破坏的情况下，在一定时间内也能保证安全的技术措施称为故障安全设计。通过设计，使得系统、设备、设施发生故障或事故时处于低能状态，防止能量的意外释放。

（5）减少故障和失误。通过增加安全系数、增加可靠性或设置安全监控系统等来减轻物的不安全状态，减少物的故障或事故的发生。

3.1.2　减少事故损失的安全技术措施

防止意外释放的能量引起人的伤害或物的损坏，或减轻其对人的伤害或对物的破坏的技术措施称为减少事故损失的安全技术措施。该类技术措施是在事故发生后，迅速控制局面，防止事故的扩大，避免引起二次事故的发生，从而减少事故造成的损失。常用的减少事故损失的安全技术措施有隔离、设置薄弱环节、个体防护、避难与救援等。

（1）隔离。隔离是把被保护对象与意外释放的能量或危险物质等隔开。隔离措施按照被保护对象与可能致害对象的关系可分为隔开、封闭和缓冲等。

（2）设置薄弱环节。利用事先设计好的薄弱环节，使事故能量按照人们的意图释放，防止能量作用于被保护的人或物，如锅炉上的易熔塞、电路中的熔断器等。

（3）个体防护。个体防护是把人体与意外释放能量或危险物质隔离开，是一种不得已的隔离措施，却是保护人身安全的最后一道防线。

（4）避难与救援。设置避难场所，当事故发生时，人员暂时躲避，免遭伤害或赢得救援的时间。事先选择撤退路线，当事故发生时，人员按照撤退路线迅速撤离。事故发生后，组织有效的应急救援力量，实施迅速救护，是减少事故人员伤亡和财产损失的有效措施。

此外，安全监控系统作为防止事故发生和减少事故损失的基本技术措施，是监测系统异常的有效手段。安装安全监控系统，可以及早发现事故，获得事件发生、发展的数据，避免事故的发生或减少事故的损失。

安全技术措施计划是生产经营单位生产财务计划的一个组成部分，是改善生产经营单位生产条件、有效防止事故和职业病的重要保证制度。生产经营单位为了保证安全资金的有效投入，应编制安全技术措施计划。

3.2　安全技术措施计划的制定

3.2.1　安全技术措施计划的编制要点

1. 安全技术措施计划的基本编制原则

编制安全技术措施计划应以安全生产方针为指导思想，以《中华人民共和国安全生产法》等法律、法规、国家和行业标准为依据，结合生产经营单位安全生产管理、设备、设施的具体情况，以安全管理部门牵头，工会、安全职业卫生管理部门参与、共同研究，也可同时发动生产技术管理部门、基层班组共同提出。对提出的项目，按轻重缓急根据总体费用投入情况进行分类、排序，对涉及人身安全、公共安全和对生产经营者有重大影响的事项应优先安排。具体应遵循如下 4 条原则：

（1）必要性和可行性原则。

编制计划时，一方面要考虑安全生产的实际需要，如针对在安全生产检查中发现的隐患、可能引发伤亡事故和职业病的主要原因，新技术、新工艺、新设备等的应用，安全技术革新项目和职工提出的合理化建议等方面编制安全技术措施。另一方面，还要考虑技术可行性与经济承受能力。

（2）自力更生与勤俭节约的原则。

编制计划时，要注意充分利用现有的设备和设施，挖掘潜力，讲求实效。

（3）轻重缓急与统筹安排的原则。

对影响最大、危险性最大的项目应优先考虑，逐步有计划地解决。

（4）领导和群众相结合的原则。

加强领导，依靠群众，使计划切实可行，以便顺利实施。

2. 安全技术措施计划的项目范围

安全技术措施计划的项目范围，包括改善劳动条件、防止事故、预防职业病、提高职工安全素质等技术措施。大体可分为以下 4 类。

（1）安全技术措施：指以防止工伤事故和减少事故损失为目的的一切技术措施，如安全防护装置、保险装置、信号装置、防火防爆装置等。

（2）卫生技术措施：指改善对职工身体健康有害的生产环境条件、防止职业中毒与职业病的技术措施，如防尘、防毒、防噪声与振动、通风、降温、防寒、防辐射等装置或设施。

（3）辅助措施：指保证工业卫生方面所必需的房屋及一切卫生性保障措施，如尘毒作业人员的淋浴室、更衣室或存衣箱、消毒室、妇女卫生室、急救室等。

（4）安全宣传教育措施：指提高作业人员安全素质的有关宣传教育设备、仪器、教材和场所等，如劳动保护教育室、安全卫生教材、挂图、宣传画、培训室、安全卫生展览等。

3. 安全技术措施计划的编制内容

每一项安全技术措施至少应包括以下内容：

（1）措施应用的单位或工作场所；

（2）措施名称；

（3）措施目的和内容；

（4）经费预算及来源；

（5）实施部门和负责人；

（6）开工日期和竣工日期；

（7）措施预期效果及检查验收。

对有些单项投入费用较大的安全技术措施，还应进行可行性论证，从技术的先进性、可靠性，以及经济性方面进行比较，编制单独的《可行性研究报告》，报上级主管或邀请专家进行评审。

3.2.2 安全技术措施计划编制及实施流程

1. 确定措施计划编制时间

制定年度的安全技术措施，应该有详细的时间进度表，此外，年度安全技术措施计划一般应与同年度的生产、技术、财务、供销等计划同时编制。

2. 布置措施计划编制工作

企业领导应根据本单位具体情况向下属单位或职能部门提出编制措施计划具体要求，并就有关工作进行布置。

3. 确定措施计划项目和内容

下属单位在认真调查和分析本单位存在的问题，并征求群众意见的基础上，确定本单位的安全技术措施计划项目和主体内容，报上级安全生产管理部门。安全生产管理部门对上报的措施计划进行审查、平衡、汇总后，确定措施计划项目，并报有关领导审批。

4. 编制措施计划

安全技术措施计划项目经审批后，由安全管理部门和下属单位组织相关人员，编制具体的措施计划和方案，经讨论后，送上级安全管理部门和有关部门审查。

5. 审批措施计划

上级安全、技术、计划部门对上报安全技术措施计划进行联合会审后，报单位有关领导审批。安全技术措施计划一般由总工程师审批。

6. 下达措施计划

单位主要负责人根据总工程师的审批意见，召集有关部门和下属单位负责人审查、核定措施计划。审查、核定通过后，与生产计划同时下达到有关部门贯彻执行。安全技术措施计划落实到各有关部门和下属单位后，计划部门应定期进行检查。企业领导在检查生产计划的同时，应同时检查安全技术措施计划的完成情况。安全管理与安全技术部门应经常了解安全技术措施计划项目的实施情况，协助解决实施中的问题，及时汇报并督促有关单位按期完成。

已完成的措施计划项目要按规定组织竣工验收。竣工验收时一般应注意：所有材料、成品等必须经检验部门检验；外购设备必须有质量证明书；负责单位应向安全技术部门填报竣工验收单，由安全技术部门组织有关单位验收；验收合格后，由负责单位持竣工验收单向计划部门报完工，并办理财务结算手续；使用单位应建立台账，按《劳动保护设施管理制度》进行维护管理。

7. 实施

安全技术措施计划项目经审批后应正式下达。安全技术措施计划落实到各执行部门后，安全管理部门应定期对计划的完成情况进行监督检查，对已经完成的项目，应由验收部门负责组织验收。安全技术措施验收后，应及时补充、修订相关管理制度、操作规程，开展对相关人员的培训工作，建立相关的档案和记录。对不能按期完成的项目，或没有达到预期效果的项目，必须认真分析原因，制定出相应的补救措施。经上级部门审批的项目，还应上报上级相关部门。

3.3 安全技术对策措施

制定安全技术对策措施的原则是优先应用无危险或危险性较小的工艺和物料，广泛采用机械化、自动化生产装置（生产线）及自动化监测、报警、排除故障和安全联锁保护装置，实现自动化控制、遥控或隔离操作，尽可能避免操作人员在生产过程中直接接触可能产生危险因素的设备、设施和物料，使系统在人员误操作或生产装置（系统）发生故障的情况下也不会造成事故。

3.3.1 厂址及厂区平面布局的对策措施

1. 项目选址

选址时，除考虑建设项目的经济性和技术的合理性，并满足工业布局和城市规划的要求外，在安全方面应重点考虑地质、地形、水文、气象等自然条件对企业安全生产的影响和企业与周边地区的相互影响。

2. 厂区平面布局

在满足生产工艺流程、操作要求、使用功能需要和消防及环保要求的同时，主要从风向、安全（防火）距离、交通运输安全以及各类作业和物料的危险危害性出发，在平面布局方面采取对策措施。

3.3.2 防火、防爆对策措施

从理论上讲，对于使可燃物质脱离危险状态和消除一切着火源这两项措施，只要控制其一，就可以防止火灾和化学爆炸事故的发生。但在实践中，由于生产条件的限制或某些不可控因素的影响，仅采取一种措施是不够的，往往需要采取多方面的措施，以提高生产过程的安全程度。另外，还应考虑其他辅助措施，以便在万一发生火灾或标志事故时，减少危害的程度，将损失降到最低限度，这些都是在防火防爆工作中必须全面考虑的问题，具体应做到以下几点。

1. 防止可燃可爆系统的形成

防止可燃物质、助燃物质（空气、强氧化剂）、引燃能源（明火、撞击、炽热物体、化学反应热等）同时存在；防止可燃物质、助燃物质混合形成的爆炸性混合物（在爆炸极限范围内）与引燃能源同时存在。

为防止可燃物与空气或其他氧化剂作用形成危险状态，在生产过程中，首先应加强对可燃物的管理和控制，利用不燃或难燃物料取代可燃物料，不使可燃物料泄漏和聚集形成爆炸性混合物，其次是防止空气和其他氧化性物质进入设备内，或防止泄漏的可燃物料与空气混合。具体可通过以下几项措施实现：

（1）取代或控制用量。在工艺上可行的条件下，在生产过程中不用或少用可燃可爆物质，如用不燃或不易燃烧爆炸的有机溶剂取代易燃的苯、汽油，根据工艺条件选择沸点较高的溶剂等。

（2）加强密闭。为防止易燃气体、蒸气和可燃性粉尘与空气形成爆炸性混合物，应设法使生产设备和容器尽可能处于密闭状态；对具有压力的设备，应防止气体、液体或粉尘溢出与空气形成爆炸性混合物；对真空设备，应防止空气漏入设备内部达到爆炸极限；开口的容器、破损的铁桶、容积较大且没有保护措施的玻璃瓶，不允许储存易燃液体；不耐压的容器不能储存压缩气体和加压液体。

（3）通风排气。为保证易燃、易爆、有毒物质在厂房生产环境中的浓度不超过危险浓度，必须采取有效的通风排气措施。在防火防爆环境中对通风排气的要求应从两方面考虑，即仅易燃、易爆的物质，其在车间内的浓度一般应低于爆炸下限的1/4；对于具有毒性的易燃、易爆物质，在有人操作的场所，还应考虑该毒物在车间内的最高容许浓度。

（4）惰性化。在可燃气体或蒸气与空气的混合气中充入惰性气体，可降低氧气、可燃物的百分比，从而消除爆炸危险性和阻止火焰的传播。

2. 消除、控制引燃能源

为预防火灾及爆炸灾害，对点火源进行控制是消除燃烧三要素同时存在的一个重要措施。引起火灾爆炸事故的能源主要有明火、高温表面、摩擦和撞击、绝热压缩、化学反应热、电气火花、静电火花、雷击和光热射线等。在有火灾爆炸危险的生产场所，对着火源都应引起充分的注意，并采取严格的控制措施，具体应做到以下几点：

（1）尽量避免采用明火，避免可燃物接触高温表面。对于易燃液体的加热应尽量避免采用明火。如果必须采用明火，设备应严格密封，燃烧室应与设备分开建造或隔离，并按防火规定留出防火间距。在使用油浴加热时，要有防止油蒸气起火的措施。在积存有可燃气体或蒸气的管沟、深坑、下水道及其附近，没有消除危险之前，不能有明火作业。应防止可燃物散落在高温表面上；可燃物的排放口应远离高温表面，如果接近，则应有隔热措施；高温物料的输送管线不应与可燃物、可燃建筑构件等接触。

（2）避免摩擦与撞击。摩擦与撞击往往成为引起火灾爆炸事故的原因，如：机器上轴承等摩擦发热起火；金属零件落入粉碎机、反应器、提升机等设备内，由于铁器和机件的撞击而起火；磨床砂轮等相互摩擦及铁质工具相互撞击或与混凝土地面撞击而产生火花；导管或容器破裂，内部溶液和气体喷出时摩擦起火；在某种条件下乙炔与铜制件生成乙炔铜，一经摩擦和撞击即能起火引爆等。因此，在有火灾爆炸危险的场所，应尽量避免摩擦与撞击。

（3）防止电气火花。一般的电气设备很难完全避免电火花的产生，因此在火灾爆炸危险场所必须根据物质的危险特性正确选用不同的防爆电气设备；必须设置可靠的避雷设施；有静电积聚危险的生产装置和装卸作业应有控制流速、消除静电的静电消除器，或采取添加防静电剂等有效的消除静电措施。

3. 有效监控和及时处理

在可燃气体、蒸气可能泄漏的区域设置检测报警仪，这是监测空气中易燃易爆物质含量的重要措施。当可燃气体或液体发生泄漏而操作人员尚未发现时，检测报警仪可在设定的安全浓度范围之外发出警报，便于及时处理泄漏点，早发现、早排除、早控制，防止事故发生和蔓延。

3.4　电气安全对策措施

以防触电、防电气火灾爆炸、防静电和防雷击为重点，提出防止电气事故的对策措施。

3.4.1　安全认证

电气设备必须具有国家指定机构的安全认证标志。

3.4.2　备用电源

在停电能造成重大危险后果的场所，必须按规定配备自动切换的双路供电电源或备用发电机组、保安电源。

3.4.3　防触电对策措施

为防止人体直接、间接和跨步电压触电（电击、电伤），应采取以下措施：

（1）接零、接地保护系统；

（2）漏电保护；

（3）绝缘；

（4）电气隔离；

（5）安全电压（或称安全特低电压）；

（6）屏护和安全距离；

（7）联锁保护；

（8）其他对策措施。

3.4.4 电气防火、防爆对策措施

（1）在爆炸危险环境中，应根据电气设备使用环境的等级、电气设备的种类和使用条件等选择电气设备。

（2）在爆炸危险环境中，电气线路安装位置、敷设方式、导体材质、连接方法等均应根据环境的危险等级来确定。

（3）电气防火防爆的基本措施有：消除或减少爆炸性混合物；隔离和保留间距；消除引燃源；爆炸危险环境接地和接零。

3.4.5 防静电对策措施

为预防静电妨碍生产、影响产品质量、引起静电电击和火灾爆炸，从消除、减弱静电的产生和积累着手制定对策措施，具体措施有：

（1）工艺控制；

（2）泄漏；

（3）中和；

（4）屏蔽；

（5）综合措施；

（6）其他措施。

根据行业、专业有关静电标准（化工、石油、橡胶、静电喷漆等）的具体要求，可采取其他对策措施。

3.4.6 防雷对策措施

应当根据建筑物和构筑物、电力设备以及其他保护对象的类别和特征，分别对直击雷、雷电感应、雷电侵入波等采取适当的措施。

3.5 机械伤害防护措施

3.5.1 设计与制造的本质安全措施

设计与制造的本质安全措施主要包括以下两个方面：

（1）选用适当的设计结构，主要包括：

① 采用本质安全技术；

② 限制机械应力；

③ 提高材料和物质的安全性；

④ 遵循安全人机工程学原则；

⑤ 防止气动和液压系统的危险；

⑥ 预防电的危险。

（2）采用机械化和自动化技术，主要包括：

① 操作自动化；

② 装卸搬运机械；

③ 确保调整、维修的安全。

3.5.2 安全防护措施

安全防护是通过采用安全装置、防护装置或其他手段，对一些机械危险进行预防的安全技术措施，其目的是防止机器在运行时产生对人员的各种接触伤害。安全防护的重点是机械的传动部分、操作区、高处作业区、机械的其他运动部分、移动机械的移动区域，以及某些机器由于特殊危险形式需要采取的特殊防护等。

1. 安全防护装置的一般要求

安全防护装置必须满足与其保护功能相适应的安全技术要求，其基本安全要求如下：

（1）防护装置的形式和布局设计合理，具有切实的保护功能，以确保人体不受到伤害。

（2）装置结构要坚固耐用，不易损坏；装置要安装可靠，不易拆卸。

（3）装置表面应光滑、无尖棱利角，不增加任何附加危险，不成为新的危险源。

（4）装置不容易被绕过或避开，不出现漏保护区。

（5）满足安全距离的要求，使人体各部位（特别是手或脚）不会接触到危险物。

（6）不影响正常操作，不与机械的任何可动零部件接触；对人的视线障碍最小。

（7）便于检查和修理。

2. 安全防护装置的设置原则

（1）以操作人员所站立的平面为基准，凡高度在2m以内的各种运动零部件均应设置防护装置。

（2）以操作人员所站立的平面为基准，凡高度在2m以上，有物料传输装置、皮带传动装置以及在施工机械下方施工时，均应设置防护装置。

（3）在坠落高度基准面2m以上的作业位置，应设置防护。

（4）为避免挤压伤害，直线运动部件之间或直线运动部件与静止部件之间的间距应符合安全距离的要求。

（5）运动部件有行程距离要求的，应设置可靠的限位装置，防止因超行程运动而造成伤害。

（6）对可能因超负荷而发生部件损坏并造成伤害的，应设置负荷限制装置。

（7）对有惯性冲撞的运动部件必须采取可靠的缓冲装置，防止因惯性而造成伤害事故。

（8）对运动中可能松脱的零部件必须采取有效措施加以紧固，防止由于启动、制动、冲击、振动引起松动。

（9）每台机械都应设置紧急停机装置，使已有的危险得以消除或使即将发生的危险得以避免。紧急停机装置的标识必须清晰、易识别，并可使人迅速接近该装置，使危险过程可立即停止并且不产生附加风险。

3. 安全防护装置的选择

选择安全防护装置时应考虑所涉及的机械危险和其他非机械危险，根据运动件的性质和人员进入危险区的需要来决定。特定机器的安全防护装置应根据对该机器的风险评价结果来选择。

（1）机械正常运行期间操作者不需要进入危险区的场合，应优先考虑选用固定式防护装置，包括进料、取料装置，辅助工作台，适当高度的栅栏及通道防护装置等。

（2）机械正常运转时需要进入危险区的场合，因操作者需要进入危险区的次数较多，经常开启固定防护装置会带来不便，可考虑采用联锁装置、自动停机装置、可调防护装置、自动关闭防护装置、双手操纵装置、可控防护装置等。

（3）对于在非运行状态的其他作业期间需进入危险区的场合，由于进行机器的设定、示教、过程转换、查找故障、清理或维修等作业时，防护装置必须移开或拆除，或安全装置功能受到抑制，因此这时可采用手动控制模式、操纵杆装置或双手操纵装置、点动操纵装置等。有些情况下，可能需要几个安全防护装置联合使用。

3.5.3 安全人机工程学原则

遵循安全人机工程学原则要注意以下四方面的要求：

（1）操纵（控制）器的安全人机工程学要求；

（2）显示器的安全人机工程学要求；

（3）工作位置的安全性；

（4）操作姿势的安全要求。

3.5.4 安全信息的使用

对文字、标记、信号、符号或图表等，以单独或联合使用的形式向使用者传递信息，用以指导使用者（专业或非专业）安全、合理、正确地使用机器。

3.5.5　起重吊装作业的安全对策措施

起重吊装作业潜在的危险性是物体打击。如果吊装的物体是易燃、易爆、有毒、腐蚀性强的物料，若因吊索吊具意外断裂、吊钩损坏或违反操作规程等而发生吊物坠落。除可能直接伤人外，还会将盛装易燃、易爆、有毒、腐蚀性强的物料的包装损坏，使物料流散出来造成污染，甚至会引发火灾、爆炸、腐蚀、中毒等事故。起重设备在检查、检修过程中，存在着触电、高处坠落、机械伤害等危险性，起重机在行驶过程中存在着引发交通事故的潜在危险性。进行起重吊装作业的人员应认真执行以下安全对策措施：

（1）吊装作业人员必须持有两种作业证。吊装质量大于10t的物体应办理《吊装安全作业证》。

（2）对吊装质量大于等于40t的物体和土建工程主体结构，应编制吊装施工方案。吊物虽不足40t，但在形状复杂、刚度小、长径比大、精密贵重、施工条件特殊的情况下，也应编制吊装施工方案。吊装施工方案经施工主管部门和安全技术部门审查，报主管厂长或总工程师批准后方可实施。

（3）在进行各种吊装作业前，应预先在吊装现场设置安全警戒标志，并设专人监护，非施工人员禁止入内。

（4）吊装作业中，夜间应有足够的照明，室外作业遇到大雪、暴雨、大雾及六级以上大风时，应停止作业。

（5）吊装作业人员必须佩戴安全帽。高处作业时应遵守厂区高处作业安全规程的有关规定。

（6）进行吊装作业前，应对起重吊装设备、钢丝绳、揽风绳、链条、吊钩等各种机具进行检查，必须保证安全可靠，不准在机具有故障的情况下使用。

（7）进行吊装作业时，必须分工明确、坚守岗位，并按《起重吊运指挥信号》规定的联络信号，统一指挥。

（8）严禁利用管道、管架、电杆、机电设备等做吊装锚点。未经相关部门审查核算，不得将建筑物、构筑物作为锚点。

（9）进行吊装作业前必须对各种起重吊装机械的运行部位、安全装置以及吊具、索具等进行详细的安全检查，吊装设备的安全装置应灵敏可靠。吊装前必须试吊，确认无误方可作业。

（10）任何人不得随同吊装重物或吊装机械升降。在特殊情况下必须随之升降的，应采取可靠的安全措施，并经过现场指挥员批准。

（11）吊装作业现场如需动火时，应遵守厂区动火作业安全规程的有关规定。吊装作业现场的吊绳索、揽风绳、拖拉绳等应避免同带电线路接触，并保持安全距离。

（12）用定型起重吊装机械（履带吊车、轮胎吊车、桥式吊车等）进行吊装作业时，除遵守通用标准外，还应遵守该定型机械的操作规程。

（13）进行吊装作业时，必须按规定负荷进行吊装，吊具、索具要通过计算选择使用，严禁超负荷运行。所吊重物接近或达到额定起重吊装能力时，应检查制动器，用低高度、短行程试吊后，再平稳吊起。

（14）悬吊重物下方严禁人员站立、通行和工作。

（15）在吊装作业中，有下列情况之一者不准吊装：

① 指挥信号不明；

② 超负荷或物体质量不明；

③ 斜拉重物；

④ 光线不足，看不清重物；

⑤ 重物下站人；

⑥ 重物埋在地下；

⑦ 重物紧固不牢，绳打结，绳不齐；

⑧ 棱刃物体没有衬垫措施；

⑨ 容器内介质过满；

⑩ 安全装置失灵。

（16）进行汽车吊装作业时，除要严格遵守起重作业和汽车吊装的有关安全操作规程外，还应保证车辆的完好，不准在车辆有故障的情况下运行，做到安全行驶。

3.6 有害因素控制对策措施

有害因素控制对策措施的原则是优先采用无危害或危害性较小的工艺和物料，减少有害物质的泄漏和扩散；尽量采用生产过程密闭化、机械化、自动化的生产装置（生产线），采用自动监测、报警装置以及联锁保护、安全排放等装置，实现自动控制、遥控或隔离操作。尽可能避免或减少操作人员在生产过程中直接接触产生有害因素的设备和物料，是优先采取的对策措施。

3.6.1 预防中毒的对策措施

根据《有毒作业分级》（GB 12331—1990）、《工业企业设计卫生标准》（GBZ 1—2010）、《生产过程安全卫生要求总则》（GB/T 12801—2008）、国务院令第 352 号《使用有毒物品作业场所劳动保护条例》等，对物料和工艺、生产设备（装置）、控制及操作系统、有毒介质泄漏（包括事故泄漏）处理、抢险等技术措施进行优化组合，采取综合对策措施。

（1）物料和工艺。尽可能以无毒、低毒的工艺和物料代替有毒、高毒的工艺和物料，是防毒的根本性措施。

（2）生产设备（装置）。生产装置应密闭化、管道化，尽可能实现负压生产，防止有毒物质泄漏、外溢。生产过程机械化、程序化和自动控制，可使作业人员不接触或少接触有毒物质，防止误操作造成的中毒事故。

（3）通风净化。应设置必要的机械通风排毒、净化（排放）装置，使工作场所空气中有毒物质浓度被限制在规定的最高容许浓度值以下。

（4）应急处理。对有毒物质泄漏可能造成重大事故的设备和工作场所，必须设置可靠的事故处理装置和应急防护设施。应设置有毒物质事故安全排放装置（包括储罐）、自动检测报警装置、联锁事故排毒装置，还应配备有毒物质泄漏时的解毒（含冲洗、稀释、降低毒性）装置。

（5）急性化学物中毒事故的现场急救。急性中毒事故的发生，可使大批人员受到毒害，病情往往较重。因此，现场及时有效的处理与急救，对挽救患者的生命，防止引起并发症可起到关键作用。

（6）其他措施。

① 在生产设备密闭和通风的基础上实现隔离、遥控操作。

② 配备定期和快速检测工作环境空气中有毒物质浓度的仪器，有条件时应安装自动检测空气中有毒物质浓度和超限报警装置。配备检修时的解毒、吹扫、冲洗设施。生产、储存、处理极度危害和高度危害毒物的厂房和仓库，其天棚、墙壁、地面均应光滑，便于清扫；必要时应加设防水、防腐等特殊保护层以及专门的负压清扫装置和清洗设施。

③ 采取加强防毒教育，进行定期检测、定期体检、定期检查及监护作业，开展急性中毒及缺氧窒息抢救训练等管理措施。

④ 根据有关标准（石油、化工、农药、涂装作业、干电池、煤气站、铅作业、汞温度计等）的要求，还应采取其他的防毒技术措施和管理措施。

3.6.2　预防缺氧、窒息的对策措施

（1）针对有缺氧危险的工作环境发生缺氧窒息和中毒窒息的危险，应配备氧气浓度和有害气体浓度检测仪器、报警仪器、隔离式呼吸保护器具、通风换气设备以及抢救器具。

（2）按先检测、通风，后作业的原则，当工作环境空气中氧气浓度大于18%和有害气体浓度达到标准要求时，在密切监护下才能实施作业；对氧气、有害气体浓度可能发生变化的作业场所，作业过程中应定时或连续检测，保证安全作业。

（3）在由于防爆、防氧化的需要不能通风换气的工作场所，受作业环境限制不易充分通风换气的工作场所和已发生缺氧、窒息的工作场所，作业人员、抢救人员必须使用隔离式呼吸保护器具，严禁使用净气式面具。

（4）有缺氧、窒息危险的工作场所，应在醒目处设警示标志，严禁无关人员进入。

（5）有关缺氧、窒息的安全管理、教育、抢救等措施和设施的内容，同防毒措施部分。

3.6.3 防尘的对策措施

（1）工艺和物料。选用不产生或少产生粉尘的工艺，采用无危害或危害性较小的物料，是消除、减弱粉尘危害的根本途径。

（2）限制、抑制扬尘和粉尘扩散。

（3）通风除尘。建筑设计时要考虑工艺特点和除尘的需要，利用风压、热压差，合理组织气流（如进排风口、天窗、挡风板的设置等），充分发挥自然通风改善作业环境的作用。当自然通风不能满足要求时，应设置全面或局部机械通风除尘装置。

（4）其他措施。由于工艺、技术上的原因，通风和除尘设施无法达到劳动卫生指标要求的有尘作业场所，操作人员必须使用防尘口罩、工作服、头盔、呼吸器、眼镜等个体防护用具。

3.6.4 噪声控制措施

根据《中华人民共和国劳动部噪声作业分级》（LD 80—1995）、《工业企业噪声控制设计规范》（GB/T 50087—2013）、《工业企业噪声测量规范》（GBJ 122—1988）、《建筑施工场界环境噪声排放标准》（GB 12523—2011）、《工业企业厂界环境噪声排放标准》（GB 12348—2008）和《工业企业设计卫生标准》（GBZ 1—2010）等，采取使用低噪声工艺及设备，合理布置平面，以及使用隔声、消声、吸声装置等综合技术措施，控制噪声危害。

1. 工艺设计与设备选择

（1）减少冲击性工艺和高压气体排空的工艺。尽可能以焊代铆、以液压代冲压、以液动代气动，物料运输中避免大落差翻落和直接撞击。

（2）选用低噪声设备。采用振动小、噪声低的设备，使用哑音材料降低撞击噪声；控制管道内的介质流速，管道截面不宜突变，选用低噪声阀门；强烈振动的设备或管道与基础支架、建筑物及其他设备之间采用柔性连接或支撑等。

（3）采用操作机械化（包括进、出料机械化）和运行自动化的设备工艺，实现远距离监视操作。

2. 噪声源的平面布置

（1）主要强噪声源应相对集中（厂区、车间内），宜在低位布置，充分利用地形隔挡噪声。

（2）主要噪声源（包括交通干线）周围宜布置对噪声较不敏感的辅助车间、仓库、料场、堆场、绿化带及高大建（构）筑物，用以隔挡对噪声敏感区、低噪声区的影响。

（3）必要时，噪声敏感区与低噪声区之间需保持防护间距，设置隔声屏障。

3. 隔声、消声、吸声、隔振降噪和个体防护

采取上述措施后如果噪声级仍达不到要求，则应采用隔声、消声、吸声、隔振等综合控制技术措施，尽可能使工作场所的噪声危害指数达到《中华人民共和国劳动部噪声作业分级》（LD 80—1995）定的0级，且各类地点噪声A声级不得超过《工业企业噪声控制设计规范》（GB/T 50087—2013）规定的噪声限制值（55~90dB）。

（1）隔声。采用带阻尼层、吸声层的隔声罩对噪声源设备进行隔声处理，根据结构形式的不同，其A声级降噪量可达到14~40dB。不宜对噪声源作隔声处理，且允许操作人员不经常停留在设备附近时，应设置操作、监视、休息用的隔声间（室）。在强噪声源比较分散的大车间，可设置隔声屏障或带有生产工艺孔的隔墙，将车间分成几个不同强度的噪声区域。

（2）消声。对空气动力机械（通风机、压缩机、燃气轮机、内燃机等）的空气动力性噪声，应采用消声器进行消声处理。当噪声呈中高频宽带特性时，可选用阻性消声器；噪声呈明显低中频脉动特性时，可选用扩展型消声器；当噪声呈低中频特性时，可选用共振型消声器。消声器的消声量一般不宜超过50dB。

（3）吸声。对原有的吸声较少、混响声较强的车间厂房，应采取吸声降噪处理。根据所需的吸声除噪量，确定吸声材料和吸声体的类型、结构、数量及安装方式。

（4）隔振降噪。对产生较强振动和冲击，从而引起固体声传播及振动辐射噪声的机器设备应采取隔振措施。根据所需的振动传动比（或隔振效率），确定隔振元件的荷载、型号、大小和数量。

（5）个体防护。采取噪声控制措施后，如果工作场所的噪声级仍不能达到标准要求，则应采取个人防护措施并减少接触噪声的时间。

对流动性、临时性噪声源和不宜采取噪声控制措施的工作场所，主要依靠个体防护用具（耳塞、耳罩等）来防护。

3.6.5 其他有害因素控制措施

1. 防辐射（电离辐射）对策措施

（1）外照射源应根据需要和有关标准的规定，设置永久性或临时性屏蔽（屏蔽室、屏蔽墙、屏蔽装置）。屏蔽的选材、厚度、结构和布置方式应满足防护、运行、操作、检修、散热和去污要求。

（2）设置与设备的电气控制回路联锁的辐射防护门，并采取迷宫设计，设置监测、预警和报警装置及其他安全装置，高能X射线照射室内应设紧急事故开关。

（3）在可能发生空气污染的区域（如操作放射性物质的工作箱、手套箱、通风柜等），必须设有全面或局部的送风、排风装置，其换气次数、负压大小和气流组织应能防止污染的回沉和扩散。

（4）工作人员进入辐射工作场所时，必须根据需要穿戴相应的个体防护用具（防放射性服、手套、眼面防护用品和呼吸防护用品），佩戴相应的个人剂量计。

（5）开放型放射源工作场所入口处，一般应设置更衣室、淋浴室和污染检测装置。

（6）应有完善的监测系统和满足特殊需要的卫生设施（污染洗涤、冲洗设施等）。

（7）对有辐射照射危害的工作场所的选址、防护、监测（个体、区域、工艺和事故的监测）、运输、管理等方面提出应采取的其他措施。

（8）核电厂的核岛区和其他控制的防护措施，按《核动力厂环境辐射防护规定》（GB 6249—2011）以及由国家核安全局依据专业标准、规范提出。

2. 防非电离辐射对策措施

（1）防紫外线措施。电焊等作业、灯具和炽热物体（达到1200℃以上）发射的紫外线产生的危害，主要通过使用防护屏蔽（滤紫外线罩、挡板等）和保护眼睛、皮肤的个人防护具（防紫外线面罩、眼镜、手套和工作服等）来减轻或避免。目前我国尚无紫外线卫生防护标准，建议采用美国的卫生防护标准（连续7h接触时，每小时不超过0.5mW/cm^2；连续24h接触时，每小时不超过0.1mW/cm^2）。

（2）防红外线（热辐射）措施。主要是尽可能采用机械化、遥控作业，避开热源；其次，应采用隔热保温层、反射性屏蔽（铝箔制品、铝挡板等）、吸收性屏蔽（通过对流、通风、水冷等方式冷却的屏蔽）和穿戴隔热服、防红外线眼镜、面具等个体防护用具。

（3）防激光辐射措施。为防止激光对眼睛、皮肤的灼伤和对身体的伤害，应采取下列措施：

① 优先采用通过工业电视、安全观察孔监视的隔离操作。观察孔的玻璃应有足够的衰减指数，必要时还应设置遮光屏罩。

② 作业场所的地、墙壁、天花板、门窗、工作台等应采用暗色不反光材料和毛玻璃；工作场所的环境色与激光色谱错开（如红宝石激光操作室的环境色可取浅绿色）。

③ 整体光束通路应完全隔离，必要时设置密闭式防护罩。当激光功率能伤害皮肤和身体时，应在光束通路影响区设置保护栏杆，栏杆门应与电源、电容器放电电路联锁。

④ 设置局部通风装置，排除激光束与靶物相互作用时产生的有害气体。

⑤ 激光装置宜与所需高压电源分室布置；针对大功率激光装置可能产生的噪声和有害物质，采取相应的对策措施。

⑥ 穿戴有边罩的激光防护镜和白色防护服。

（4）防电磁辐射对策措施。根据《电磁环境控制限值》（GB 8702—2014），按辐射源的频率（波长）和功率，分别或组合采取对策措施。

3. 高温作业的防护措施

根据《工业设备及管道绝热工程施工规范》（GB 50126—2008）、《高温作业分析检测规程》（LD 82—1995），按各区对限制高温作业级别的规定采取措施。

（1）尽可能实现自动化和远距离操作等隔热操作方式，设置热源隔热屏蔽装置（热源隔热保温层、水幕、隔热操作室等）。

（2）通过合理组织自然通风气流，设置全面、局部送风装置或空调，降低工作环境的温度。

（3）使用隔热服（面罩）等个体防护用具，尤其是特殊高温作业人员，应使用适当的防护用具，如防热服装（头罩、面罩、衣裤和鞋袜等）以及特殊防护眼镜等。

（4）注意补充营养及制定合理的膳食制度，供应防高温饮料，口渴饮水以少量多次为宜。

4. 低温作业、冷水作业防护措施

根据《低温作业分级》（GB/T 14440—1993）、《冷水作业分级》（GB/T 14439—1993）提出相应的对策措施。

（1）实现自动化、机械化作业，避免或减少低温作业和冷水作业。控制低温作业、冷水作业时间。

（2）穿戴防寒服（手套、鞋）等个体防护用具。

（3）设置采暖操作室、休息室、待工室等。

（4）冷库等低温封闭场所应设置通信、报警装置，防止误将人员关锁。

3.7 其他安全对策措施

3.7.1 防高处坠落、物体打击对策措施

可能发生高处坠落危险的工作场所，应设置便于进行操作、巡检和维修作业的扶梯、工作平台、防护栏杆、安全盖板等安全设施；梯子、平台和易滑倒操作通道的地面应有防滑措施；设置安全网、安全距离、安全信号和标志、安全屏护以及佩戴个体防护用具（安全带、安全鞋、安全帽、防护眼镜等）是避免或减少高处坠落、物体打击事故伤害的重要措施。

针对特殊高处作业（指强风、高温、低温、雨天、雪天、夜间、带电、悬空、抢救等高处作业）特有的危险因素，应提出具有针对性的防护措施。另外，高处作业应遵守“十不登高”：

（1）患有禁忌症者不登高；

（2）未经批准者不登高；

（3）未戴好安全帽、未系安全带者不登高；

（4）脚手板、跳板、梯子不符合安全要求不登高；

（5）无攀爬设备不登高；

（6）穿易滑鞋、携带笨重物体不登高；

（7）石棉、玻璃钢瓦上无垫脚板不登高；

（8）高压线旁无可靠隔离安全措施不登高；

（9）酒后不登高；

（10）照明不足不登高。

3.7.2 安全色、安全标志

根据《安全色》（GB 2893—2008）、《安全标志及其使用导则》（GB 2894—2008）的规定，充分利用红（禁止、危险）、黄（警告、注意）、蓝（指令、遵守）、绿（通行、安全）四种传递安全信息的安全色以及各种安全标志，使人员通过迅速发现并准确判断安全色或安全标志的意义，及时得到提醒，以防止事故、危害的发生。

1. 安全标志的分类与功能

安全标志分为禁止标志、警告标志、指令标志和提示标志四类：

（1）禁止标志表示制止人们的某种行动；

（2）警告标志使人们注意可能发生的危险；

（3）指令标志表示必须遵守，用来强制或限制人们的行为；

（4）提示标志用来示意目标地点或方向。

2. 制定安全标志应遵循的原则

（1）醒目清晰：一目了然，易从复杂背景中识别；符号的细节、线条之间易于区分。

（2）不致混淆。

（3）易懂易记：容易被人理解（即使是外国人或不识字的人也能理解）并牢记。

3. 安全标志应满足的要求

（1）含义明确无误。标志、符号和文字警告应明确无误，不使人费解或误会，标志必须符合公认的标准。

（2）内容具体且有针对性。符号或文字警告应表明危险类别，具体且有针对性，不能笼统写“危险”两字。

（3）标志的设置位置应醒目。标志牌应设置在醒目且与安全有关的地方，使人们看到后有足够的时间来注意它所表示的内容。

（4）标志应清晰持久。直接印在机器上的信息标志应牢固，在机器的整个寿命期内都应保持颜色鲜明、清晰、持久。

3.7.3 储运安全对策措施

1. 厂内运输安全对策措施

（1）着重就铁路、道路线路与建筑物、设备、电力线、管道等的安全距离，安全标志和信号，人行通道，防护栏杆，以及车辆装卸等方面的安全设施提出对策措施。

（2）根据《工业企业厂内铁路、道路运输安全规程》（GB 4387—2008）和各行业有关标准的要求，提出其他对策措施。

2. 化学危险品储运安全对策措施

（1）危险货物包装应按《危险货物包装标志》（GB 190—2009）设标志。

（2）危险货物包装运输应按《危险货物运输包装通用技术条件》（GB 12463—2009）执行。

（3）应按《化学品安全标签编写规定》（GB/T 15258—2009）编写危险化学品标签。

（4）应按《常用化学危险品贮存通则》（GB 15603—1995）对上述物质进行妥善储存，加强管理。

（5）化学危险品作业场所的管理及使用应遵照《化学品安全技术说明书内容和项目顺序》（GB 16483—2008）。

（6）根据国务院第591号令《危险化学品安全管理条例》，危险化学品必须储存在专用仓库内，储存方式、方法与储存数量必须符合国家标准，并由专人管理。

危险化学品专用仓库，应当符合国家标准对安全、消防的要求，应设置明显标志。其储存设备和安全设施应当定期检测。

3.7.4　焊割作业安全对策措施

国内外不少案例表明，造船、化工等行业在进行焊割作业时发生的事故较多，有的甚至引发了重大事故。因此，对焊割作业应采取有力的对策措施，防止事故发生和减轻对焊工健康的损害。具体应做到以下几点：

（1）存在易燃、易爆物料的企业应建立严格的动火制度，动火必须经批准并制定动火方案。

（2）焊割作业应遵循相关要求。

焊割作业应遵守《焊接与切割安全》（GB 9448—1999）等有关国家标准和行业标准。

电焊作业人员除进行特殊工种培训、考核、持证上岗外，还应严格遵照焊割规章制度安全操作规程进行作业。进行电弧焊作业时应采取隔离防护，保持绝缘良好，正确使用劳动防护用品，正确采取保护接地或保护接零等措施。

（3）焊割作业应严格遵守“十不焊”：

① 无操作证又无有证焊工在现场指导，不准焊割；

② 在禁火区，未经审批并办理动火手续，不准焊割；

③ 不了解作业现场及周围情况，不准焊割；

④ 不了解焊割物内部情况，不准焊割；

⑤ 盛装过易燃、易爆、有毒物质的容器或管道，未经彻底清洗置换，不准焊割；

⑥ 用可燃材料作保温层的部位及设备未采取可靠的安全措施时，不准焊割；

⑦ 有压力或密封的容器、管道，不准焊割；

⑧ 附近堆有易燃、易爆物品，未彻底清理或采取有效的安全措施时，不准焊割；

⑨ 作业点与外单位相邻，在未弄清对外单位或周围区域有无影响或明知有危险而未采取有效的安全措施时，不准焊割；

⑩ 作业场所及附近有与明火相抵触的工作时，不准焊割。

3.7.5 防腐蚀安全对策措施

腐蚀的分类及针对各种腐蚀的安全对策措施如下：

（1）大气腐蚀。在大气中，由于氧、雨水以及腐蚀性物质的作用，裸露的设备、管线、阀、泵及其他设施会产生严重腐蚀，这些设备、设施、泵、螺栓、阀等的锈蚀，容易诱发事故。因此，设备、管线、阀、泵及其设施等，需要选择合适的材料及涂覆防腐涂层予以保护。

（2）全面腐蚀。在腐蚀介质及一定的温度、压力下，金属表面会发生大面积均匀的腐蚀，如果腐蚀速度控制在0.05~0.5mm/a或者小于0.05mm/a，则金属材料耐蚀等级分别为良好、优良。对于这种全面腐蚀，应考虑介质、温度、压力等因素，选择合适的耐腐蚀材料或在接触介质的内表面涂覆涂层，或加入缓蚀剂。

（3）电偶腐蚀。这是容器、设备中常见的一种腐蚀，也称为“接触腐蚀”或“双金属腐蚀”。它是两种不同金属在溶液中直接接触，因其电极电位不同而构成腐蚀电池，使电极电位较负的金属发生溶解腐蚀。

（4）缝隙腐蚀。在生产装置的管道连接处以及衬板、垫片等处的金属与金属间、金属与非金属间或者金属涂层破损时金属与涂层所构成的窄缝中，如果积存电解液，会造成缝隙腐蚀。防止缝隙腐蚀的措施有：

① 采用合适的抗缝隙腐蚀材料；

② 采用合理的设计方案，如尽量减少缝隙宽度（1/40mm≤缝隙宽度≤8/25mm）、减少死角腐蚀液（介质）的积存、法兰配合严密、垫片要适宜等；

③ 采用电化学保护；

④ 采用缓蚀剂等。

（5）孔蚀。由于金属表面露头、错位以及介质不均匀等原因，使其表面膜的完整性遭到破坏，成为点蚀源，腐蚀介质会集中于金属表面的个别小点上形成深度较大的腐蚀，防止孔蚀的方法有：

① 减少溶液中腐蚀性离子的浓度；

② 减少溶液中氧化性离子的浓度，降低溶液温度；

③ 采用阴极保护；

④ 采用点蚀合金。

（6）其他。金属及合金在拉应力和特定介质环境的共同作用下会产生应力腐蚀破坏从外观上看不到任何变化，但裂纹发展迅速，危险性更大。建（构）筑物应严格按照《工业建筑防腐蚀设计标准》（GB 50046—2018）的要求进行防腐设计，并按《建筑防腐蚀工程施工规范》（GB 50212—2014）的规定进行竣工验收。

3.7.6 生产设备的选用

在选用生产设备时，除考虑满足工艺功能外，应对设备的劳动安全性能给予足够的重视；保证设备在按规定使用时不会发生任何危险，不排放出超过标准规定的有害物质；应尽量选用自动化程度、本质安全程度高的生产设备。

选用的锅炉、压力容器、起重运输机械等危险性较大的生产设备，必须由持有安全、专业许可证的单位进行设计、制造、检验和安装，并应符合国家标准和有关规定的要求。

3.7.7 采暖、通风、照明、采光

（1）根据《工业建筑供暖通风与空气调节设计规范》（GB 50019—2015）提出采暖、通风与空气调节的常规措施和特殊措施。

（2）根据《建筑照明设计标准》（GB 50034—2013）提出常规和特殊照明措施。

（3）根据《建筑采光设计标准》（GB 50033—2013）提出采光设计要求。

必要时，根据工艺、建（构）筑物的特点和评价结果，针对存在的问题，依据有关标准提出其他对策措施。

3.7.8 体力劳动

（1）为消除超重搬运和限制高强度体力劳动（例如消除Ⅳ级体力劳动），应采取降低体力劳动强度的机械化、自动化作业措施。

（2）根据成年男、女单次搬运重量、全日搬运重量的限制提出对策措施。

（3）针对女职工体力劳动强度、体力负重量的限制提出对策措施。

3.7.9 定员编制、工时制度、劳动组织

（1）定员编制应满足国家现行工时制度的要求。

（2）定员编制还应满足女职工劳动保护规定（包括禁忌劳动范围）和有关限制接触有害因素时间（例如有毒作业、高处作业、高温作业、低温作业、冷水作业和全身强振动作业等）、监护作业的要求，还应根据其他安全的需要，做必要的调整和补充。

（3）根据工艺、工艺设备、作业条件的特点和安全生产的需要，在设计中对工作人员做出具体安排（作业岗设置、岗位人员配备和文化技能要求、劳动定额、工时和作业班制、指挥管理系统等）。

（4）劳动安全管理机构的设置。

（5）根据《中华人民共和国劳动法》及《国务院关于职工工作时间的规定》提出

工时安排方面的对策措施。

3.7.10 工厂辅助用室的设置

根据生产特点、实际需要和使用方便的原则，按照职工人数设计生产卫生用室（浴室、存衣室、盥洗室、洗衣房）、生活卫生用室（休息室、食堂、厕所）和医疗卫生、急救设施。根据工作场所的卫生特征等级的需要，确定生产卫生用室。

3.7.11 女职工劳动保护

根据《中华人民共和国劳动法》、国务院令第619号《女职工劳动保护特别规定》、《女职工保健工作规定》（卫妇发［1993］11号）提出女职工“四期”保护等特殊的保护措施。

习题及思考题

1. 常用的防止事故发生的安全技术措施有哪些？
2. 常用的减少事故损失的安全技术措施有哪些？
3. 简述编制安全技术措施计划的基本原则。
4. 安全技术措施计划的项目范围大体可分为哪几类？
5. 每一项安全技术措施至少应包括哪些内容？

第4章 安全生产管理措施

4.1 安全生产政策

4.1.1 新时代下安全生产重要讲话

党的十八大以来，习近平总书记站在党和国家发展全局的战略高度，对安全生产发表了一系列重要讲话，作出了一系列重要指示批示，深刻回答了如何认识安全生产、如何抓好安全生产等重大理论和实践问题。

一是关于必须牢固树立安全发展理念的论述。

总书记指出："各级党委和政府、各级领导干部要牢固树立安全发展理念，始终把人民群众生命安全放在第一位，牢牢树立发展不能以牺牲人的生命为代价这个观念。这个观念一定要非常明确、非常强烈、非常坚定。"并强调"这必须作为一条不可逾越的红线。""不能要带血的生产总值。"总书记的重要论述深刻阐释了安全发展的重要性，告诫我们必须始终坚持以人民为中心，坚持生命至上、安全第一，切实把安全作为发展的前提、基础和保障。

二是关于必须建立健全最严格的安全生产责任体系的论述。

总书记指出："坚持最严格的安全生产制度，什么是最严格？就是要落实责任。要把安全责任落实到岗位、落实到人头"。在地方党委和政府领导责任方面，总书记指出："安全生产工作，不仅政府要抓，党委也要抓……党政一把手要亲力亲为、亲自动手抓""健全党政同责、一岗双责、齐抓共管、失职追责的安全生产责任体系"，"各级党委和政府要切实承担起'促一方发展，保一方平安'的政治责任"。在企业主体责任方面，总书记指出："所有企业都必须认真履行安全生产主体责任，做到安全投入到位、安全培训到位、基础管理到位、应急救援到位，确保安全生产。"总书记的重要论述要求，无论是地方党委还是政府，无论是综合监管部门还是行业主管部门，无论是中央企业还是其他生产经营单位，都必须把安全生产责任牢牢扛在肩上，丝毫不能动摇，一刻不能放松。要构建全方位的安全生产责任体系，使领导责任、监管责任、主体责任明确到位，从不同角度抓严抓实。

三是关于必须深化安全生产领域改革的论述。

总书记指出："推进安全生产领域改革发展，关键是要作出制度性安排……""这涉及安全生产理念、制度、体制、机制、管理手段改革创新。"总书记的重要论述，既有安全生产改革的总体要求，也有具体化针对性要求，各地区、各部门都要从安全监管最薄弱环节着手，查漏洞、补短板，不断推进安全生产创新发展。

四是关于必须强化依法治理安全生产的论述。

总书记指出："必须强化依法治理，用法治思维和法治手段解决安全生产问题。要坚持依法治理，加快安全生产相关法律法规制定修订，加强安全生产监管执法，强化基层监管力量，着力提高安全生产法治化水平。这是最根本的举措。"没有安全生产的法治化，就没有安全生产治理体系和治理能力的现代化。只有建立完善的安全生产法治体系，采取严格的法治措施，才能从根本上消除对安全生产造成重大影响的非法违法行为等顽症痼疾，才能真正实现安全生产形势的持续稳定好转。

五是关于必须依靠科技创新提升安全生产水平的论述。

总书记指出："解决深层次矛盾和问题，根本出路就在于创新，关键要靠科技力量。""在煤矿、危化品、道路运输等方面抓紧规划实施一批生命防护工程，积极研发应用一批先进安防技术，切实提高安全发展水平。"总书记的重要论述要求我们，必须把科技兴安摆在更加重要位置，大力提高科技创新能力，提高安全生产本质化水平。

六是关于必须加强安全生产源头治理的论述。

总书记指出："要坚持标本兼治，坚持关口前移，加强日常防范，加强源头治理、前端处理……""要站在人民群众的角度想问题，把重大风险隐患当成事故来对待……""宁防十次空，不放一次松"。总书记的重要论述，深刻指示了安全生产的内在规律，要求我们必须从源头上管控风险、消除隐患，防止风险演变、隐患升级导致事故发生。

七是关于必须完善安全生产应急救援体系的论述。

总书记指出："要认真组织研究应急救援规律"，"提高应急处置能力，强化处理突发事件的力量建设，确保一旦有事，能够拉得出、用得上、控得住"，"最大限度减少人员伤亡和财产损失。"总书记的重要论述要求我们，必须始终把做好应急救援工作作为安全生产工作的重要内容，持之以恒加强应急能力建设，为人民生命财产安全把好最后一道防线。

八是关于必须强化安全生产责任追究的论述。

总书记指出："追责不要姑息迁就。一个领导干部失职追责，撤了职，看来可惜，但我们更要珍惜的是不幸遇难的几十条、几百条活生生的生命！""对责任单位和责任人要打到疼处、痛处，让他们真正痛定思痛、痛改前非，有效防止悲剧重演。"总书记的重要论述振聋发聩，警示我们各级领导干部一定要以对党和人民高度负责的态度，时刻把人民群众生命财产放在第一位，对发生的事故要汲取血的教训，及时改进制度措施，毫不松懈，一抓到底。

九是关于对安全生产必须警钟长鸣、常抓不懈的论述。

总书记指出："安全生产必须警钟长鸣、常抓不懈，丝毫放松不得，每一个方面、每一个部门、每一个企业都放松不得，否则就会给国家和人民带来不可挽回的损失。""对安全生产工作，有的东一榔头西一棒子，想抓就抓，高兴了就抓一下，紧锣密鼓。过些日子，又三天打鱼两天晒网，一曝十寒。这样是不行的。要建立长效机制，坚持常、长二字，经常、长期抓下去。"总书记的重要论述要求我们，必须充分认识安全生产工作的艰巨性、复杂性、突发性、长期性，任何时候都不能掉以轻心，兢兢业业做好安全生产各项工作。

十是关于加强安全监管监察干部队伍建设的论述。

总书记指出："党的十八大以来，安全监管监察部门广大干部职工贯彻安全发展理念，甘于奉献、扎实工作，为预防生产安全事故作出了重要贡献。"强调要"加强基层安全监管执法队伍建设，制定权力清单和责任清单，督促落实到位。"总书记的重要论述，充分肯定了安全监管监察干部队伍付出的艰辛努力，同时要求我们进一步加强干部队伍建设，规范执法行为，强化责任担当。

习近平总书记关于安全生产的重要思想内容十分丰富，是习近平新时代中国特色社会主义思想的重要组成部分。把总书记关于安全生产的重要思想坚决贯彻到各项工作中，既是做好安全生产工作的基本经验，也是今后推进安全生产工作的根本遵循。

4.1.2　法律法规、标准规范及重要文件

（1）《中华人民共和国安全生产法》。

通过会议：人民代表大会常务委员会；

公布日期：2002年6月29日；

实施日期：2002年11月1日；

修改日期：2014年8月31日；

施行日期：2014年12月1日。

（2）《生产安全事故报告和调查处理条例》。

《生产安全事故报告和调查处理条例》是根据《中华人民共和国安全生产法》和有关法律制定的，中华人民共和国国务院令第493号，经国务院第172次常务会议通过，自2007年6月1日起施行。

该条例是为了规范生产安全事故的报告和调查处理，落实生产安全事故责任追究制度，防止和减少生产安全事故。

（3）《安全生产违法行为行政处罚办法》（2015年修订）。

发布单位：国家安全生产监督管理总局；

发布日期：2007年11月30日；

实施日期：2008 年 1 月 1 日。

（4）《安全生产事故隐患排查治理暂行规定》。

《安全生产事故隐患排查治理暂行规定》经 2007 年 12 月 22 日国家安全生产监督管理总局局长办公会议审议通过，2007 年 12 月 28 日国家安全生产监督管理总局令第 16 号公布。该《规定》分总则、生产经营单位的职责、监督管理、罚则、附则 5 章 32 条，自 2008 年 2 月 1 日起施行。

（5）《中共中央国务院关于推进安全生产领域改革发展的意见》（中发〔2016〕32 号）。

2016 年 12 月 18 日，中国政府网公布《中共中央国务院关于推进安全生产领域改革发展的意见》。该《意见》分总体要求、健全落实安全生产责任制、改革安全监管监察体制、大力推进依法治理、建立安全预防控制体系、加强安全基础保障能力建设 6 部分 30 条。

（6）《安全生产风险分级管控体系通则》（DB37/T 2882—2016）。

（7）《生产安全事故隐患排查治理体系通则》（DB37/T 2883—2016）。

4.2 安全生产、管理规章制度

4.2.1 安全生产规章制度建设依据

（1）以安全生产法律法规、国家和行业标准、地方政府的法规、标准为依据；

（2）以生产经营过程的危险有害因素辨识和事故教训为依据；

（3）以国际、国内先进的安全管理方法为依据。

4.2.2 安全生产规章制度建设原则

（1）主要负责人负责的原则；

（2）安全第一的原则；

（3）系统性的原则；

（4）规范化和标准化的原则。

4.2.3 安全生产规章制度建设的相关法律法规

1. 安全生产法律法规

1）安全生产法律法规制定依据

安全生产法律法规是保护从业人员在生产过程中的生命安全和身体健康的有关法律、行政法规、地方性法规和规章等法律文件的总称。

安全生产法律法规的主要作用是调整社会主义生产过程中，商品流通过程中人与人之间、人与自然之间的关系，维护社会主义劳动法律关系中的权利与义务、生产与安全的辩证关系，以保障从业人员在生产过程中的安全和健康。

我国制定安全生产法规的主要依据是《中华人民共和国宪法》（以下简称《宪法》）。《宪法》第四十二条规定："国家通过各种途径，创造劳动就业条件，加强劳动保护，改善劳动条件。"第四十三条规定："中华人民共和国劳动者有休息的权利。国家发展劳动者休息和休养的设施，规定职工的工作时间和休假制度。"第四十八条规定："中华人民共和国妇女在政治的、经济的、文化的、社会的和家庭的生活等各方面享有同男子平等的权利，国家保护妇女的权利和利益。"此外，《宪法》中关于母亲和儿童受国家的保护，公民有受教育的权利，公民必须遵守劳动纪律，遵守公共秩序，尊重社会公德，以及国家逐步改善人民物质生产等规定，都是安全生产法规中必须遵循的原则。

2）*安全生产法律法规的规范性文件*

我国安全生产法律法规的规范性文件主要有以下 6 种：

（1）《宪法》。在我国《宪法》关于国家政治制度和经济制度的规定中，特别是关于公民基本权利和义务的规定中，许多条文直接涉及安全生产和劳动保护问题。这些规定既是安全生产法律法规制定的最高法律依据，又是安全生产法律法规的一种表现形式。

（2）法律。我国最高权力机关——全国人民代表大会和全国人民代表大会常务委员会行使国家立法权，立法通过后，由国家主席签署主席令予以公布。1994 年 7 月 5 日八届全国人大常委会第八次会议审议通过了《中华人民共和国劳动法》。在这部劳动法典中，有关于劳动保护的专章规定。2002 年 6 月 29 日九届全国人大常委会第二十八次会议审议通过了《中华人民共和国安全生产法》。此外，还有《中华人民共和国矿山安全法》等法律。

（3）行政法规。为了加强安全生产工作，国务院制定了若干安全生产行政法规。

（4）部门规章。国务院安全生产主管部门单独或会同有关部门制定的专项安全生产规章，是安全生产法律法规各种形式中数量最多的一种。其他部门的规章中也有一些安全生产方面的规定。

（5）地方性法规和地方规章。地方性法规是由各省、自治区、直辖市人大及其常委会制定的规范性文件；地方规章是由各省、自治区、直辖市政府，省会、自治区首府所在地的市和经过国务院批准的较大的市的政府制定的规范性文件。其中，许多是有关安全生产的专项文件。

（6）国际法律文件。国际法律文件主要是国际劳工公约。凡是我国政府批准加入的国际劳工公约之中，除了我国声明保留的条款外，我国应该保证实施。

2.《中华人民共和国安全生产法》

2002 年 6 月 29 日通过、2002 年 11 月 1 日起施行《中华人民共和国安全生产法》（以下简称《安全生产法》）。《安全生产法》体现了《宪法》中关于改善劳动条件、加强劳动保护的基本要求和我国的社会主义本质，概括了我国安全生产正反两方面的经验，体现了依法治国的基本方略。

《安全生产法》不仅规范了生产经营单位的安全生产行为，明确了生产经营单位主要负责人的安全责任，确立了安全生产基本管理制度，为保障人民群众生命和财产安全，依法强化安全生产监督管理提供了法律依据。同时，也为依法惩处安全违法行为、强化安全生产责任追究、减少和防止生产安全事故、促进经济发展，提供了法律保证。《安全生产法》是各级安全生产监督管理部门、煤矿安全监察机构及其监督检查人员对安全生产实施监督监察的法律依据。

1)《安全生产法》的立法宗旨

《安全生产法》的立法宗旨主要包括以下五方面：

(1) 规范生产经营单位的安全生产行为，明确生产经营单位主要负责人的安全生产责任，依法建立安全生产管理制度。

(2) 明确从业人员在安全生产方面的权利和义务，规范从业人员安全作业行为，依法保护从业人员的合法权益，保障人民群众的人身安全和健康。

(3) 明确各级人民政府的安全生产责任，依法加强安全生产监督管理，减少和防止生产安全事故。

(4) 规范从事安全评价、咨询、检测、检验中介机构的行为，加强安全生产社会舆论媒体监督。

(5) 依法建立生产安全事故应急救援体系，强化责任追究。

2)《安全生产法》的基本内容

根据上述立法宗旨，《安全生产法》主要包括安全生产监督管理、生产经营单位安全保障、生产经营单位主要负责人安全生产责任、从业人员的安全生产权利义务、安全中介服务、安全生产责任追究、事故应急救援和处理7项基本法律制度。

(1) 安全生产监督管理。

安全生产监督管理部门和有关部门必须明确对安全生产进行监督检查的内容、方式、程序和手段。

县级以上人民政府安全生产监督管理部门应当定期统计分析安全生产事故情况，并定期向社会公布。

(2) 生产经营单位安全保障。

① 生产经营单位主要负责人对本单位安全生产全面负责。

② 生产经营单位必须遵守法律、法规和国家安全标准、行业安全标准，达到规定的安全生产条件。生产经营单位应当具备安全生产条件所必需的资金投入，由生产经营单位的决策机构、主要负责人或者个人经营的投资人予以保证，并对由于安全生产所必需的货金投入不足导致的后果承担责任。生产经营单位应当安排用于配备劳动防护用品、进行安全培训的经费等。

③ 矿山、建筑施工单位和危险物品的生产、经营、储存单位，应当设置安全生产

管理机构或者配备专职安全生产管理人员。其他单位从业人员超过300人的，应当设置安全生产管理机构或者配备专职安全生产管理人员；在300人以下的，应当配备专职或者兼职的安全生产管理人员，或者委托国家规定的相关专业技术资格的工程技术人员提供安全生产管理服务。

④ 生产经营单位从业人员必须经过安全生产教育和培训，未经安全生产教育和培训的，不得上岗作业。生产经营单位主要负责人和安全生产管理人员必须具备相应的安全生产知识和管理能力，危险物品的生产经营单位和矿山、建筑施工单位的主要负责人及安全生产管理人员必须经考核合格后方可任职。生产经营单位的特种作业人员必须经过专门培训，取得特种作业操作资格证书，方可上岗作业。

⑤ 安全设施的设计审查和竣工验收。对建设项目安全设施实行“三同时”，并要求安全设施投资应当纳入建设项目概算。矿山建设项目和用于生产、储存危险物品的建设项目的安全设施设计必须报经有关部门审查同意；未经审查同意的，不得施工。矿山建设项目和用于生产、储存危险物品的建设项目竣工投入生产或者使用前，其安全设施必须经有关部门验收，未经验收或者验收不合格的，不得投入生产或者使用。

⑥ 安全设备管理。安全设备的设计、制造、安装、使用、检测、维修、改造和报废，必须符合国家标准或者行业标准。生产经营单位必须对安全设备进行经常性维护、保养，并定期检测，保证正常运转。

⑦ 重大危险源安全管理。生产经营单位必须对重大危险源登记建档，进行定期检测、评估、监控，并制定应急预案，告知从业人员和相关人员在紧急情况下采取的应急措施。规定生产经营单位应将危险源及相关安全措施、应急措施报安全生产监督管理部门和有关部门备案。

⑧ 生产、经营、使用、储存危险物品的车间、商店、仓库不得与员工宿舍在同一座建筑物内，并应当与员工宿舍保持安全距离。生产经营场所和员工宿舍应当设立符合紧急疏散要求、标志明显、保持畅通的出口。禁止封闭、堵塞生产经营场所或者员工宿舍的出口。

⑨ 爆破吊装作业和交叉作业安全管理。进行爆破、吊装作业，应当安排专门人员进行现场安全管理，确保操作规程的遵守和安全措施的落实。两个以上生产经营单位在同一作业区域进行生产经营活动时，必须签订安全生产管理协议，明确各自的安全生产管理职责和应当采取的安全措施，指定专职安全生产管理人员进行监督检查和协调。

⑩ 生产经营单位的现场检查。生产经营单位的安全生产管理人员应当根据本单位的生产经营特点，对安全生产状况进行经常性检查；对检查中发现的安全问题，应当立即处理；不能立即处理的，应当报告本单位有关负责人。

⑪ 承包租赁的安全管理。生产经营单位不得将生产经营场所、设备外包或者出租给不具备安全生产条件或者相应资质的单位或者个人。生产经营单位应当与承包单位、承租单位签订安全管理协议或者在承包、租赁合同中约定各自的安全生产管理内存，并

对承包单位、承租单位的安全生产工作统一协调和管理。

生产经营单位必须依法参加工伤社会保险，为从业人员缴纳保险费。

(3) 生产经营单位主要负责人安全生产责任。

生产经营单位主要负责人对本单位安全生产全面负责，建立健全安全生产责任制，组织制定安全生产规章制度和操作规程，保证安全生产投入，督促检查安全生产工作，及时消除生产安全事故隐患，组织制定并实施生产安全事故应急救援预案，及时如实报告生产安全事故。

(4) 从业人员的安全生产权利义务。

从业人员的权利包括：

① 知情权。有权了解其作业场所和工作岗位存在的危险因素、防范指南及事故应急措施。

② 建议权。有权对本单位的安全生产工作提出建议。

③ 批评、检举和控告权。有权对本单位安全生产管理工作中存在的问题提出批评、检举和控告。

④ 拒绝权。有权拒绝违章指挥和强令冒险作业。

⑤ 紧急避险权。有权在直接危及人身安全的紧急情况时停止作业或在采取可能的应急措施后撤离作业场所。

⑥ 依法向本单位提出要求赔偿的权利。

⑦ 获得符合国家标准或者行业标准劳动防护用品的权利。

⑧ 获得安全生产教育和培训的权力。

从业人员的义务主要有遵守安全生产规章制度和操作规程，服从管理，接受安全生产教育和培训等。

(5) 安全中介服务。

安全中介机构依照法律法规和执业准则的规定，接受生产经营单位的委托为其安全生产工作提供技术服务。承担安全评价、认证、检测、检验的机构应当具备国家规定的资质条件，并对其做出的结果承担法律责任。

(6) 安全生产责任追究。

生产经营单位发生事故，必须按规定报告安全生产监督管理部门和有关部门，不得隐瞒不报、谎报或者拖延不报。安全生产监督管理部门和有关部门按照有关规定逐级上报，并积极组织事故抢救。事故调查处理按照实事求是、尊重科学的原则和国家有关规定进行。

生产经营单位、生产经营单位主要负责人及其他有关责任人员对发生的生产安全事故或者其他安全生产违法行为，应当承担行政责任、民事责任和刑事责任。

(7) 事故应急救援和处理。

县级以上人民政府应当制定特大事故应急救援预案，建立应急救援体系。危险物品生产经营单位以及矿山、建筑施工单位应当建立应急救援组织，配备必要的应急救援器材、设备，并经常进行维护、保养。

生产经营单位发生生产安全事故后，事故现场有关人员应当立即报告本单位负责人。单位负责人接到事故报告后，应当迅速采取有效措施，组织抢救，防止事故扩大，减少人员伤亡和财产损失，并按照国家有关规定立即如实报告当地负责安全生产监督管理职责的部门，不得隐瞒不报、谎报或者拖延不报，不得故意破坏事故现场、毁灭有关证据。负有安全生产监督管理职责的部门接到事故报告后，应当立即按照国家有关规定上报事故情况。负有安全生产监督管理职责的部门和有关地方人民政府对事故情况不得隐瞒不报、谎报或者拖延不报。

有关地方人民政府和负有安全生产监督管理职责的部门负责人接到重大生产安全事故报告后，应当立即赶到事故现场，组织事故抢救。任何单位和个人都应当支持、配合事故抢救，并提供一切便利条件。

事故调查处理应当按照实事求是、尊重科学的原则，及时、准确地查清事故原因，查明事故性质和责任，总结事故教训，提出整改措施，并对事故责任者提出处理意见。事故调查和处理的具体办法由国务院制定。生产经营单位发生生产安全事故，经调查确定为责任事故的，除了应当查明事故单位的责任并依法予以追究外，还应当查明对安全生产的有关事项负有审查批准和监督职责的行政部门的责任，对有失职、渎职行为的，依照《安全生产法》追究其法律责任。

为了更好地贯彻落实《安全生产法》，相继制定了许多与之配套的法规、规章和标准，如 2007 年 6 月 1 日起施行的国务院第 493 号令《生产安全事故报告和调查处理条例》、国发〔2010〕23 号《国务院关于进一步加强企业安全生产工作的通知》等。

3. 其他安全生产法律法规

除了《安全生产法》及其配套的法规、规章和标准之外，还有很多安全生产法律法规，例如“三大规程”、“五项规定”和《中华人民共和国矿山安全法》等。

1）“三大规程”

1956 年，国务院发布了《工厂安全卫生规程》、《建筑安装工程安全技术规程》、《工人职员伤亡事故报告规程》及《关于防止厂、矿企业中的硅尘危害的决定》，其中前三者被统称为“三大规程”。随着时间的推移它们已经被废止，由新的法规取代。

2）“五项规定”

在 1963 年国务院颁发的《国务院关于加强企业生产中安全工作的几项规定》中，规定从安全生产责任制、安全技术措施计划、安全生产教育、安全生产定期检查及伤亡事故的调查和处理五个方面加强安全管理工作。它们构成了我国企业安全管理基本制度，故又称“五项规定”。

3）《中华人民共和国矿山安全法》

《中华人民共和国矿山安全法》于 1992 年 11 月 7 日通过，1993 年 5 月 1 日起施行。该法简称《矿山安全法》，是在我国境内从事矿产资源开采活动的企业必须遵守的法律。它以法律条文的形式对矿山建设的安全保障、矿山开采的安全保障、矿山企业的安全管理、矿山事故处理、矿山安全的行政管理及法律责任等做了明确规定。

4）主要安全规程、规范和标准

我国颁布了大量安全规程、规范、标准，其中主要有工厂企业厂内运输安全规程、建筑设计防火规范、起重机械安全规程、厂矿道路设计规范、电气设备安全、设备安全设计守则、氧气站设计规范、特种作业人员安全技术考核管理规则、工业企业煤气安全规程、爆破安全规程、蒸汽锅炉安全技术监察规程、压力容器安全监察规程、高处作业分级标准等。

5）主要职业卫生标准

我国颁布了大量职业卫生标准，其中主要标准有工业企业设计卫生标准、生产设备卫生设计总则、高温作业分级、工业企业噪声卫生标准、生产性粉尘作业危害程度分级、工业企业照明设计标准等。

4. 企业安全生产管理制度

在我国，企业必须建立以安全生产责任制为核心的安全生产管理制度。

根据 1963 年 5 月国务院颁发的《国务院关于加强企业生产中安全工作的几项规定》的要求，企业必须建立安全生产责任制度，编制安全生产教育制度、安全生产检查制度、安全技术措施计划制度和伤亡事故报告和处理制度。它们构成了我国企业安全生产管理基本制度。在此基础上，国家又制定了建设项目安全审查制度。

1）安全生产责任制度

安全生产责任制度是企业岗位责任制度的重要组成部分，是企业中安全生产管理制度的核心。

“安全生产人人有责”。安全生产责任制度规定各级领导应对本单位安全生产负总的领导责任，以及各级工程技术人员、职能科室和生产工人在各自的职责范围内，对安全生产应负的责任，形成“纵向到底、横向到边”的安全生产责任制体系。我国企业实行以“一把手”负责制为核心的安全生产责任制。企业法人代表对整个企业的安全生产负责，各部门、单位的“一把手”对自己管辖部门、单位的安全生产负责。他们的任务是贯彻执行国家有关安全生产的法令、制度和保持管辖范围内从业人员的安全和健康。在管理生产、经营的同时，必须负责管理安全工作、做到“五同时”，即在计划、布置、检查、总结、评比生产的时候，同时计划、布置、检查、总结、评比事故预防工作。

在明确了“一把手”的安全生产责任的基础上，规定各级人员的安全生产责任。“管生产的必须管安全”，安全寓于生产之中，各级负责生产管理的领导者必须同时负责安全管理。“谁主管谁负责”，担负企业各方面管理责任的领导者必须对自己主管领域的安全管理负责。

2）安全生产教育制度

安全生产教育制度是对企业各类人员进行安全生产教育的制度。它包括三级教育、特种作业人员教育和训练、企业主要负责人和管理人员安全培训、经常性安全教育等内容。

（1）三级教育。三级教育制度是企业必须坚持的基本安全教育制度和主要形式。所谓“三级教育”，是对新工人、参加生产实习的人员、参加生产劳动的学生和新调到本厂工作的工人集中一段时间，连续进行入厂教育、车间教育和岗位教育三个级别的安全教育。

（2）特种作业人员教育和训练。对操作者本人，尤其对他人和周围设施的安全有重大危害因素的作业，称为特种作业，直接从事特种作业者，称为特种作业人员。特种作业范围包括电工作业、锅炉司炉、压力容器操作、起重机器作业、爆破作业、金属焊接（气割）作业，煤矿井下瓦斯检验。机动车辆驾驶、机动船舶驾驶和轮机操作、建筑登高架设作业以及符合特种作业基本定义的其他作业。对从事特种作业的人员，要进行专门的安全技术和操作知识的教育和训练。特种作业人员的安全教育由具有相应资质的安全生产培训机构进行，经过政府有关部门考核合格后，发给“特种作业人员操作证”。特种作业人员在进行作业时，必须随身携带特种作业人员操作证。

（3）企业主要负责人和管理人员安全培训。企业主要负责人和管理人员肩负着重大的安全生产责任，对他们的安全教育越来越受到重视。按规定，企业主要负责人和管理人员每年都要接受一次安全培训，他们的培训由具有相应资质的安全生产培训机构进行，政府有关部门考核发证。

（4）经常性安全教育。企业经常性安全生产教育可以采用多种形式进行。例如，建立安全活动日和在班前班后会议上布置、检查安全生产情况等制度，对职工经常进行安全教育，并且注意结合职工文化生活，进行各种安全生产的宣传活动；在采用新的生产方式方法，增添新的技术、设备，创造新的产品或调换工人工作的时候，要对工人进行新操作和新工作岗位的安全教育等。

3）安全生产检查制度

安全生产检查是安全生产管理工作的一项重要内容，是多年来从生产实践中创造出来的一种好形式；它是安全生产工作中运用群众路线的方法，发现不安全状态和不安全行为的有效途径；它是消除不安全因素、落实整改措施、改善劳动条件、防止事故的重要手段。

企业要制定安全生产检查制度，除了进行经常的检查外，每年还应该定期地进行2~4次群众性的检查。这些检查包括普遍检查、专业检查和季节性检查，也可以把这几种检查结合起来进行。

开展安全生产检查，必须有明确的目的、要求和具体计划，并且建立由企业领导负责、有关人员参加的安全生产检查组织。安全生产检查应该始终贯彻领导与群众相结合的原则，依靠群众，边检查、边改进，并且及时地总结和推广先进经验；有些限于物质技术条件当时不能解决的问题，也应制订出计划，按期解决。

4）安全技术措施计划制度

安全技术措施计划是企业计划的重要组成部分，是有计划地改善劳动条件的重要手段；也是做好安全生产工作、防止工伤事故和职业病的重要措施。

企业在编制生产技术、财务计划的同时，必须编制安全技术措施计划。企业领导人应对安全技术措施计划的编制和贯彻执行负责。通过编制和实施安全技术措施计划，可以把改善劳动条件工作纳入企业的生产经营计划中，有计划、有步骤地解决企业中一些重大安全技术问题，使企业劳动条件的改善逐步走向计划化和制度化。把安全技术措施中所需要的费用、设备、器材以及设计、施工力量等纳入了计划，就可以统筹安排、合理使用，使企业在改善劳动条件方面的投资发挥最大的作用。

5）伤亡事故报告和处理制度

伤亡事故报告和处理一直是企业安全管理的主要内容。

国家的有关法律法规是伤亡事故报告制度的法律依据，作为三大规程之一的《工人职员伤亡事故报告规程》对员工因工伤伤亡事故的报告、调查、处理、统计和分析都做了具体规定，在此基础上又制定了 GB 6441—1986《企业职工伤亡事故分类》。1991 年，国务院发布 75 号令《企业职工伤亡事故报告和处理规定》，同时废止了《工人职员伤亡事故报告规程》，2007 年国务院发布 493 号令《生产安全事故报告和调查处理条例》，同时废止了《企业职工伤亡事故报告和处理规定》。

根据《生产安全事故报告和调查处理条例》，事故发生后，事故现场有关人员适当向本单位负责人报告；单位负责人接到报告后，应当于 1h 内向事故发生地县级以上人民政府安全生产监督管理部门和负有安全生产监督管理职责的有关部门报告。情况紧急时事故现场有关人员可以直接向事故发生地县级以上人民政府安全生产监督管理部门和负有安全生产监督管理职责的有关部门报告。

事故发生后企业应当保护事故现场，并迅速采取必要措施抢救人员和财产，防止事故扩大。通过事故调查查明事故发生的原因、过程和人员伤亡、经济损失情况；确定事故责任者；提出事故处理意见和防范措施的建议；写出事故调查报告。

在处理伤亡事故时要坚持“四不放过”原则，即事故原因分析不清不放过，事故责任者和群众没有受到教育不放过，没有制定出防范措施不放过，事故责任者没有受到处理不放过。事故处理结束后，应当把事故资料归档。

6）建设项目安全审查制度

建设项目的安全审查包括由可行性研究报告开始到初步设计、施工直到竣工验收的全过程的审查。

我国境内的新建、改建、扩建的基本建设项目（工程）、技术改造项目（工程）和引进的建设项目（工程）的安全设备必须符合国家规定的标准，必须与主体工程同时设计、同时施工、同时投产使用。习惯上把建设项目安全审查称为“三同时”审查。做好建设项目的安全审查工作，是管理部门、设计部门、监督部门、检察部门和建设单位的共同责任，也是广大工程技术人员、安全专业工作者的重要使命。

借助设计清除和控制事故危险性是安全工程的重要组成部分和原则，也是安全审查的重点，安全审查包含对建设项目安全性的分析、评价、监督和检查。实施安全审查，就是运用科学技术原理、技术知识和标准识别，消除和控制不安全因素，保证从早期的设计阶段就把事故危险性降到最低的程度。

（1）可行性研究报告的审查。可行性研究报告的审查是根据国民经济发展近期和远期规划、地区规划、行业规划的要求，对工程项目的安全技术、工程等方面进行多方案综合分析论证，主要包括技术先进性、经济合理性、生产可行性各种指标的定性和定量的初步分析等，以确定建设项目的安全措施方案是否可行。可行性研究报告的审查以建设项目劳动安全卫生预评价的方式进行。

（2）初步设计审查。初步设计审查是在可行性研究报告的基础上，根据有关标准、规范对劳动安全卫生专篇进行全面深入的分析，提出建设项目中劳动安全卫生方面的结论性意见。初步设计中的劳动安全卫生专篇主要包括：设计依据，工程概述，建筑及场地布置，生产过程中危险、危害因素的分析，安全设计中采用的主要防范措施，安全机构设置及人员配备情况，专用投资概算，建设项目安全预评价的主要结论，预期效果，存在的问题与建议等。

（3）竣工验收审查。竣工验收审查是按照劳动安全卫生专篇规定的内容和要求，对安全工程质量及其方案的实施进行全面系统的分析和审查，并对建设项目做出安全措施的效果评价。竣工验收审查以建设项目劳动安全卫生验收评价的方式进行。

建设项目劳动安全卫生预评价报告和建设项目劳动安全卫生验收评价报告由有资质的中介机构完成，由政府主管部门组织专家评审通过。

4.2.4 安全生产责任制

安全生产责任制是按照职业安全健康工作方针“安全第一，预防为主”和“管生产的必须管安全”的原则，将各级负责人员、各职能部门及其工作人员和各岗位生产工人在职业安全健康方面应做的事情和应负的责任加以明确规定的一种制度。

生产经营单位的安全生产责任制的核心是实现安全生产的“五同时”，就是在计划、布置、监察、总结、评比生产工作的时候，同时计划、布置、检查、总结、评比安全生产工作。其内容大体可分为两个方面：一是纵向方面的各级人员的安全生产责任制；二是横向方面的各职能部门的安全生产责任制。

安全生产是关系到生产经营单位全员、全层次、全过程的大事，因此，生产经营单位必须建立安全生产责任制，把“安全生产，人人有责”从制度上固定下来，从而增强各级管理人员的责任心，使安全管理纵向到底、横向到边，责任明确、协调配合、共同努力把安全工作真正落到实处。

实行安全生产责任制主要包括生产经营单位主要负责人及其分管负责人、职能管理机构负责人及其工作人员、班组长及其岗位工人。

1. 生产经营单位主要负责人

生产经营单位的主要负责人是本单位安全生产的第一责任者，对安全生产工作全面负责。其职责为：

（1）建立健全本单位安全生产责任制；

（2）组织制定本单位安全生产规章制度和操作规程；

（3）保证本单位安全生产投入的有效实施；

（4）督促、检查本单位的安全生产工作，及时消除生产安全事故隐患；

（5）组织制定并实施本单位的生产安全事故应急救援预案；

（6）及时、如实报告生产安全事故。

2. 生产经营单位其他负责人

生产经营单位其他负责人的分管工作各不同，应根据各自的职责范围，协助主要负责人搞好安全工作。

3. 生产经营单位职能管理机构负责人及其工作人员

职能管理机构负责人按照本机构的职责，组织有关工作人员做好安全生产责任制的落实，对本机构职责范围的安全生产工作负责；职能管理机构工作人员在本人职责范围内做好有关安全生产工作。

4. 班组长

班组安全生产是搞好安全生产工作的关键，班组长全面负责本班组的安全生产，是安全生产法律法规和规章制度的直接执行者。班组长职责是贯彻执行本单位对安全生产的规定和要求，督促本班组的工人遵守有关安全生产规章制度和安全操作的规程，切实做到不违章作业、遵守劳动纪律。

5. 岗位工人

岗位工人对本岗位的安全生产负直接责任，要接受安全生产教育和培训，遵守有关安全生产规章和安全操作规程，不违章作业，遵守劳动纪律，特种作业人员必须接受专门的培训，经考试合格取得操作资格证书，方可上岗作业。

4.2.5 安全生产监察

1. 安全生产监察的含义及主体

监察顾名思义，就是监督和察核，用于对机关或工作人员监督考察及检举，安全生产监察是指安全生产监察机构依据安全生产法规，对生产经营单位贯彻执行安全生产法律、法规情况及安全生产条件、设备设施安全和作业场所职业卫生情况进行监察，并依法处理安全生产事故，监督、查处违法行为的执法活动。

根据《中华人民共和国安全生产法》第九条第三款规定，安全生产监督管理部门和对有关行业、领域的安全生产工作实施监督管理的部门，统称负有安全生产监督管理职责的部门，安全生产监察的主体就是负有安全生产监督管理责任的部门，其代表国家行使安全生产监察权，对政府机关、企业、事业单位、有关单位和个人经济组织执行安全生产法的情况进行依法监督、检查，通过国家干预，纠正和惩罚违法行为。

2. 安全生产监察的性质和意义

1）安全生产监察的性质

安全生产监察从其本质而言是行政机关的行政执法行为，其具有下列基本属性。

（1）法定性。

安全生产监察的法定性表现在：安全生产监察的主体法定，我国法律规定国家和地方安全生产监督管理部门是进行安全生产监察的职能部门，使安全生产监察机构、其他机关团体和组织不得任意进行安全生产监察；安全生产监察的程序和规则法定，由国家法律规定，有关行政机关在进行安全生产监察时，必须依照法定的程序和规则进行；安全生产监察的权限和职责法定，安全生产监察部门必须依照法律规定的权限和职责进行监察活动，不失职，不越权，不得任意干预企业、事业单位的具体事务；安全生产监察的对象法定，其监察对象主要是进行生产经营的企业、事业单位，也包括负有安全管理职责的有关政府机关、企事业单位的主管部门、行业主管部门等。

（2）强制性。

安全生产监察的强制性体现在：安全生产监察是国家强制进行的，体现国家意志，不采取自愿的原则，被监察的主体不得以协议或其他任何方式规避安全生产监察；安全生产监察所依据的法律、法规、规章和标准由国家制定，强制实行，具有最高的权威性，是强行性规范。这种强制性体现了国家对安全生产的直接干预，保障了安全生产监察依法、顺利进行。

（3）行政性。

安全生产监察的行政性体现在：它既是行政权力也是行政职责。安全生产监察属于行政执法和监督的范畴，是国家和地方各级安全生产监督管理部门行使行政权力的体现，必须依法行政，以保障国家行政权力的实现；同时，安全生产监察也是国家赋予安全生产监督管理部门的职责，是其在监察生产安全方面所应承担的专门职责，是其必须履行的义务，不得放弃，不得转让，不得怠于行使。

2）安全生产监察的意义

安全生产监察的目的，是为了规范安全执法行为，保障生产经营单位安全，保护职工人身安全和身体健康。其意义主要体现在三个方面：

（1）加强与完善安全生产法制建设，强化安全生产法律意识。

法制建设的内容是广泛的，包括安全生产立法、执法、安全生产法律意识的加强等内容。安全生产监察在法制建设中占有重要地位。通过安全生产监察，不仅可以保证法律得以切实的贯彻执行，也可以在监察中及时发现实际工作中存在的新情况、新问题，从而有利于进一步完善立法。同时，通过全方位的安全生产监察，纠正不当行为、惩处违法行为，强制生产经营单位遵守《安全生产法》，使生产经营单位认识到法律的权威性和强制力，认识违法行为的后果，切实体会《安全生产法》的重要性和必要性，强化其安全生产法律意识，提高作业人员的安全素质。

（2）保护人民生命财产安全，保护安全生产环境，促进经济发展。

生产事故的发生，不仅给企业发展带来不利影响，更对劳动者生命和健康带来危害。安全生产监督管理部门依法行政，加强监督管理，严格安全生产的市场准入制度，依法规范生产经营单位的安全生产工作，对违法行为及时制裁，有利于预防和减少生产事故的发生，有效地遏制重、特大伤亡事故的发生，保护人民生命财产安全，保护安全生产环境，使生产有序、安全地进行，从而促进经济发展。

（3）保障社会稳定，实现社会和谐与公正。

安全生产不仅在社会经济生活中占有重要地位，而且在社会政治生活中也占有重要地位。生产事故的频繁发生，职业危害病的蔓延，危及劳动者的生存，危及企业的生存，甚至有可能危及社会的稳定。因此，安全生产问题也是重要的社会政治问题。通过安全生产监察督促企业加强安全生产劳动保护工作，严格安全条件，强化安全监管力度，落实安全措施，从而维护劳动者的权利，这对保障社会稳定、实现社会和谐与公正有重要的意义。

3. 安全生产监察的内容

安全生产监察的对象包括政府机关、企业、事业单位、有关单位和个体经营组织。按照安全生产监察的内容不同，安全生产监察对象分为对负有安全生产监管职责部门的监察和对生产经营单位安全生产活动的监察。

1）对负有安全生产监管职责部门的监察

对负有安全生产监管职责部门的监察是否按照各自权限，是否依照法律、法规、规章和国家标准或者行业标准规定的安全生产条件和程序进行监察，其重点监察事项包括：

（1）矿山建设项目和用于生产、储存危险物品的建设项目安全设施的设计审查、竣工验收；

（2）矿山企业、危险化学品和烟花爆竹生产企业的安全生产许可；

（3）危险化学品经营许可；

（4）非药品类易制毒化学品生产、经营许可；

（5）烟花爆竹经营（批发、零售）许可；

（6）矿山、危险化学品、烟花爆竹生产经营单位主要负责人、安全生产管理人员的安全资格认定和特种作业人员（特种设备作业人员除外）操作资格认定；

（7）煤矿矿用产品安全标志认证机构资质的认可；

（8）矿山救护队资质认定；

（9）安全生产检测检验、安全评价机构资质的认可；

（10）安全培训机构资质的认可；

（11）使用有毒物品作业场所职业卫生安全许可；

（12）注册助理安全工程师资格、注册安全工程师执业资格的考试和注册；

（13）法律、行政法规和国务院设定的其他行政许可。

2）对生产经营单位安全生产活动的监察

对生产经营单位是否具备有关法律、法规、规章和国家标准或者行业标准规定的安全生产条件进行监察，其监察重点事项包括：

（1）依法取得有关安全生产行政许可的情况；

（2）作业场所职业危害防治的情况；

（3）建立和落实安全生产责任制、安全生产规章制度和操作规程、作业规程的情况；

（4）按照国家规定提取和使用安全生产费用、安全生产风险抵押金，以及其他安全生产投入的情况；

（5）依法设置安全生产管理机构和配备安全生产管理人员的情况；

（6）从业人员受到安全生产教育、培训，取得有关安全资格证书的情况；

（7）新建、改建、扩建工程项目的安全设施与主体工程同时设计、同时施工、同时投入生产和使用，以及按规定办理设计审查和竣工验收的情况；

（8）在有较大危险因素的生产经营场所和有关设施、设备上，设置安全警示标志的情况；

（9）对安全设备设施的维护、保养、定期检测的情况；

（10）重大危险源登记建档、定期检测、评估、监控和制定应急预案的情况；

（11）教育和督促从业人员严格执行本单位的安全生产规章制度和安全操作规程，并向从业人员如实告知作业场所和工作岗位存在的危险因素、防范措施以及事故应急措施的情况；

（12）为从业人员提供符合国家标准或者行业标准的劳动防护用品，并监督、教育从业人员按照使用规则正确佩戴和使用的情况；

（13）在同一作业区域内进行生产经营活动，可能危及对方生产安全的，与对方签订安全生产管理协议，明确各自的安全生产管理职责和应当采取的安全措施，并指定专职安全生产管理人员进行安全检查与协调的情况；

（14）对承包单位、承租单位的安全生产工作实行统一协调、管理的情况；

（15）组织安全生产检查，及时排查治理生产安全事故隐患的情况；

（16）制定、实施生产安全事故应急预案，以及有关应急预案备案的情况；

（17）危险物品的生产、经营、储存单位以及矿山企业建立应急救援组织或者兼职救援队伍、签订应急救援协议，以及应急救援器材、设备的配备、维护、保养的情况；

（18）按照规定报告生产安全事故的情况；

（19）依法应当监督检查的其他情况。

4.2.6 安全生产责任追究

国家实行生产安全事故责任追究制度，依照有关法律、法规的规定，追究生产安全事故责任人员的法律责任。

1.《中华人民共和国民法典》

第一百七十九条　承担民事责任的方式主要有：

（1）停止侵害；

（2）排除妨碍；

（3）消除危险；

（4）返还财产；

（5）恢复原状；

（6）修理、重作、更换；

（7）继续履行；

（8）赔偿损失；

（9）支付违约金；

（10）消除影响、恢复名誉；

（11）赔礼道歉。

法律规定惩罚性赔偿的，依照其规定。

本条规定的承担民事责任的方式，可以单独适用，也可以合并适用。

2.《中华人民共和国公务员法》

第六十二条　处分分为：警告、记过、记大过、降级、撤职、开除。

3.《中华人民共和国行政处罚法》

第九条　行政处罚的种类：

（1）警告、通报批评；

（2）罚款、没收违法所得、没收非法财物；

（3）暂扣许可证件、降低资质等级、吊销许可证件；

（4）限制开展生产经营活动、责令停产停业、责令关闭、限制从业；

（5）行政拘留；

（6）法律、行政法规规定的其他行政处罚。

4.《中华人民共和国刑法》

第一百三十一条　航空人员违反规章制度，致使发生重大飞行事故，造成严重后果的，处三年以下有期徒刑或者拘役；造成飞机坠毁或者人员死亡的，处三年以上七年以下有期徒刑。

第一百三十二条　铁路职工违反规章制度，致使发生铁路运营安全事故，造成严重后果的，处三年以下有期徒刑或者拘役；造成特别严重后果的，处三年以上七年以下有期徒刑。

第一百三十三条　违反交通运输管理法规，因而发生重大事故，致人重伤、死亡或者使公私财产遭受重大损失的，处三年以下有期徒刑或者拘役；交通运输肇事后逃逸或者有其他特别恶劣情节的，处三年以上七年以下有期徒刑；因逃逸致人死亡的，处七年以上有期徒刑。

第一百三十四条　在生产、作业中违反有关安全管理的规定，因而发生重大伤亡事故或者造成其他严重后果的，处三年以下有期徒刑或者拘役；情节特别恶劣的，处三年以上七年以下有期徒刑。

强令他人违章冒险作业，或者明知存在重大事故隐患而不排除，仍冒险组织作业，因而发生重大伤亡事故或者造成其他严重后果的，处五年以下有期徒刑或者拘役；情节特别恶劣的，处五年以上有期徒刑。

第一百三十五条　安全生产设施或者安全生产条件不符合国家规定，因而发生重大伤亡事故或者造成其他严重后果的，对直接负责的主管人员和其他直接责任人员，处三年以下有期徒刑或者拘役；情节特别恶劣的，处三年以上七年以下有期徒刑。

第一百三十六条　违反爆炸性、易燃性、放射性、毒害性、腐蚀性物品的管理规定，在生产、储存、运输、使用中发生重大事故，造成严重后果的，处三年以下有期徒刑或者拘役；后果特别严重的，处三年以上七年以下有期徒刑。

第一百三十七条　建设单位、设计单位、施工单位、工程监理单位违反国家规定，降低工程质量标准，造成重大安全事故的，对直接责任人员，处五年以下有期徒刑或者拘役，并处罚金；后果特别严重的，处五年以上十年以下有期徒刑，并处罚金。

4.3　企业安全生产教育培训

4.3.1　安全生产教育培训的要求

《安全生产法》对安全生产教育培训做出了明确规定：

第二十四条规定：“生产经营单位的主要负责人和安全生产管理人员必须具备与本单位所从事的生产经营活动相应的安全生产知识和管理能力。危险物品的生产、经营、储存单位以及矿山、金属冶炼、建筑施工、道路运输单位的主要负责人和安全生产管理人员，应当由主管的负有安全生产监督管理职责的部门对其安全生产知识和管理能力考核合格。”

第二十五条规定：“生产经营单位应当对从业人员进行安全生产教育和培训，保证从业人员具备必要的安全生产知识，熟悉有关的安全生产规章制度和安全操作规程，掌握本岗位的安全操作技能。未经安全生产教育和培训合格的从业人员，不得上岗作业。”

第二十六条规定：“生产经营单位采用新工艺、新技术、新材料或者使用新设备，必须了解、掌握其安全技术特性，采取有效的安全防护措施，并对从业人员进行专门的安全生产教育和培训。”

第二十七条规定：“生产经营单位的特种作业人员必须按照国家有关规定经专门的安全作业培训，取得相应资格，方可上岗作业。特种作业人员的范围由国务院安全生产监督管理部门会同国务院有关部门确定。”

第四十一条规定：“生产经营单位应当教育和督促从业人员严格执行本单位的安全生产规章制度和安全操作规程；并向从业人员如实告知作业场所和工作岗位存在的危险因素、防范措施以及事故应急措施。”

第五十五条规定：“从业人员应当接受安全生产教育和培训，掌握本职工作所需的安全生产知识，提高安全生产技能，增强事故预防和应急处理能力。”

4.3.2 安全生产教育培训的内容

1. 对生产经营单位主要负责人、管理人员的教育培训

1）基本要求

（1）危险物品的生产、经营、储存单位以及矿山、建筑施工单位的主要负责人必须进行安全资格培训，经安全生产监督管理部门或法律法规规定的有关主管部门取得安全资格证书后方可任职。

（2）其他单位主要负责人必须按照国家有关规定进行生产培训。

（3）所有单位主要负责人每年应进行安全生产再培训。

2）培训的主要内容

（1）国家有关安全生产的方针、政策、法律和法规及有关行业的规章、规程、标准。

（2）安全生产管理的基本知识、方法与安全生产技术，有关行业安全生产管理知识。

（3）重大危险源管理、重大事故防范、应急管理和救援组织以及事故调查处理的规定。

（4）职业危害及其预防措施。

（5）国内外先进的安全生产管理经验。

（6）典型事故和应急救援案例分析。

（7）其他需要培训的内容。

3）培训时间

危险物品的生产、经营、储存单位以及矿山、建筑施工单位主要负责人安全资格培训时间不得少于48学时；每年再培训时间不得少于16学时。

其他单位主要负责人安全生产管理培训时间不得少于32学时；每年再培训时间不

得少于12学时。

4）再培训的主要内容

再培训的主要内容是新知识、新技术和新本领，包括：

（1）有关安全生产的法律、法规、规章、规程、标准和政策；

（2）安全生产的新技术、新知识；

（3）安全生产管理经验；

（4）典型事故案例。

2. 特种作业人员的教育培训

特种作业是指在劳动过程中容易发生伤亡事故，对操作者本人，尤其对他人和周围设施的安全有重大危害的作业。从事特种作业的人员称为特种作业人员。

特种作业的范围包括：电工作业，金属焊接、切割作业，起重机械（含电梯）作业，企业内机动车辆驾驶，登高架设作业，锅炉作业（含水质化验），压力容器作业，制冷作业，爆破作业，矿山通风作业，矿山排水作业，矿山安全检查作业，矿山提升运输作业，采掘（剥）作业，矿山救护作业，危险物品作业，经国家安全生产监督管理总局批准的其他作业。

特种作业人员上岗前，必须进行专门的安全技术和操作技能的教育培训，增强其安全生产意识，获得证书后方可上岗。特种作业人员的培训实行全国统一培训大纲、统一考核教材、统一证件的制度。2011年7月，国家安全监管总局颁布了《特种作业人员安全技术培训大纲和考核标准（试行）》。该大纲与标准内容涉及电工作业人员、金属焊接与切割作业人员、尾矿作业人员、煤气作业人员、制冷与空调作业人员、登高架设作业人员等41个操作项目，并作为特种作业人员安全技术培训、考核工作的指导性文件。

特种作业人员安全技术考核包括安全技术理论考试与实际操作技能考核两部分，以实际操作技能考核为主。《特种作业人员操作证》由国家统一印制，地、市级以上行政主管部门负责签发，全国通用。

离开特种作业岗位达6个月以上的特种作业人员，应当重新进行实际操作考核，经确认合格后方可上岗作业。取得《特种作业人员操作证》者，每两年进行一次复审。连续从事本工种10年以上的，经用人单位进行知识更新教育后，每4年复审1次。复审的内容包括：健康检查，违章记录，安全知识和事故案例教育，本工种安全知识考试。未按期复审或复审不合格者，其操作证自行失效。

1）生产经营单位其他从业人员

生产经营单位其他从业人员（简称“从业人员”）是指除主要负责人和安全生产管理人员以外，该单位从事生产经营活动的所有人员，包括其他负责人、管理人员、技术人员和各岗位的工人，以及临时聘用的人员。

2）新从业人员

对新从业人员进行厂（矿）、车间（工段、区、队）、班组三级安全生产教育培训。

(1) 厂(矿)级安全生产教育培训的内容主要是：安全生产基本知识；本单位安全生产规章制度；劳动纪律；作业场所和工作岗位存在的危险因素、防范措施及事故应急措施；有关事故案例等。

(2) 车间(工段、区、队)级安全生产教育培训的内容主要是：本车间(工段、区、队)安全生产状况和规章制度；作业场所和工作岗位存在的危险因素、防范措施及事故应急措施；事故案例等。

(3) 班组级安全生产教育培训的内容主要是：岗位安全操作规程；生产设备、安全装置、劳动防护用品(用具)的正确使用方法；事故案例等。

新从业人员安全生产教育培训时间不得少于24学时，煤矿、非煤矿山、危险化学品、烟花爆竹等生产经营岗位的从业人员安全培训时间不得少于72学时，每年接受再培训的时间不得少于20学时。

3) 调整工作岗位或离岗一年以上重新上岗的从业人员

从业人员调整工作岗位或离岗一年以上重新上岗时，应进行相应的车间(工段、区、队)级安全生产教育培训。

企业实施新工艺、新技术或使用新设备、新材料时，应对从业人员进行有针对性的安全生产教育培训。

单位要确立终身教育的观念和全员培训的目标，对在岗的从业人员应进行经常性的安全生产教育培训。其内容主要是：安全生产新知识、新技术；安全生产法律法规；作业场所和工作岗位存在的危险因素、防范措施及事故应急措施；事故案例等。

4.3.3 安全生产教育培训的方法和形式

安全生产教育培训方法与一般教学方法一样，多种多样，各有特点。在实际应用中，要根据培训内容和培训对象灵活选择。安全生产教育可采用讲授法、实际操作演练法、案例研讨法、读书指导法、宣传娱乐法等。

经常性安全生产教育培训的形式有：每天的班前班后会上说明安全注意事项，安全活动日，安全生产会议，各类安全生产业务培训班，事故现场分析会，张贴安全生产招贴画、宣传标语及标志，安全文化知识竞赛等。

4.4 安全生产检查

4.4.1 安全生产检查的类型

1. 定期安全检查

定期检查是企业内部必须建立的定期安全检查制度。这种定期检查属于全面型和考核性的检查，可根据检查的级别分别确定检查的时间间隔。定期检查应由企业主管安全的领导带队，施工技术、动力设备、安全保卫等部门及工会组织代表参加。

2. 经常性安全检查

经常性安全检查是指在施工生产过程中进行经常性的预防检查，能提高员工的安全意识，及时发现安全隐患、消除隐患，保证施工的正常进行。经常性安全检查有：班前、班后岗位安全检查；各级安全管理人员日常巡回检查；检查生产的同时实施安全检查。

3. 季节性及节假日安全检查

季节性安全检查是针对气候特点（如夏季、冬季、雨季、风季等）可能对施工生产带来的安全危害而组织的安全检查。节假日安全检查是指在重大节日或重要政治活动日进行的安全检查。

4. 专业性安全检查

专业性安全检查是由企业有关部门组织相关人员对某一专业（如电气、机械设备、脚手、登高设施等）存在的普通性安全问题所进行的单项检查。这类检查针对性强，可有效提高某项专业的安全技术水平。参加这类检查的人员应包括安全管理小组成员、安全员和专业技术人员。

5. 综合性安全检查

安全检查是发现危险因素的手段，安全整改是为了采取措施消除危险因素，把事故和职业通病消灭在事故发生之前，以保证安全生产。因此，不论何种类型的安全检查，都要防止搞形式、走过场，更要反对那种“老问题、老检查、老不解决”的官僚主义作风。要讲究实效，每次安全检查都要本着对安全生产、对广大职工的安全健康高度负责的精神，认真贯彻“边检查、边整改”的原则，积极广泛地发动群众搞好整改。对检查出来的问题，必须做到条条有着落、件件有交待。

综合性安全检查属于系统性、全面性、综合性的检查方式，内容包括：

（1）作业现场隐患查处；

（2）危险源的控制情况；

（3）安全生产责任制的落实情况；

（4）安全规章制度的落实情况；

（5）现场安全管理情况；

（6）员工遵章守纪情况；

（7）员工劳保用品的穿戴情况；

（8）其他临时工作的落实情况。

4.4.2 安全生产检查的内容

安全检查对象的确定应本着突出重点的原则，对于危险性大、易发事故、事故危害大的生产系统、部位、装置、设备等应加强检查。安全检查的内容包括软件系统和硬件系统，具体主要是查思想、查管理、查隐患、查整改、查事故处理。

目前，对矿山企业，国家有关规定要求强制性检查的项目有：矿井风量、风质、风速及井下温度、湿度、噪声；瓦斯、粉尘；矿山的放射性物质及其他有毒有害物质；露天矿山边坡；尾矿库（坝）；提升、运输、装卸、通风、排水、瓦斯抽放、压缩空气和起重设备；各种防爆电器、电器安全检查保护装置；矿灯、钢丝绳等；瓦斯、粉尘及其他有毒有害物质检测仪器；自救器；救护设备；安全帽；防尘口罩、防护服、防护鞋；防噪声耳塞、耳罩。

对非矿山企业，国家有关规定要求强制性检查的项目有：锅炉、压力容器、压力管道、高压医用氧舱、起重机、电梯、自动扶梯、施工升降机、简易升降机、防爆电器、厂内机动车辆、客运索道、游艺机及游乐设施等。

4.4.3 安全生产检查的要求

1. 软件系统

安全生产检查主要查思想、查意识、查制度、查管理、查事故处理、查隐患、查整改。

2. 硬件系统

安全生产检查主要查生产设备、查辅助设施、查安全设施、查作业环境。

一般应重点检查的内容有：已造成重大损失的易燃易爆危险物品、剧毒品、锅炉、压力容器、起重设备、运输设备、冶炼设备、电气设备、冲压机械、高处作业和本企业易发生工伤、火灾、爆炸等事故的设备、工种、场所及其作业人员；造成职业中毒或职业病的尘毒产生点及其作业人员；直接管理重要危险点和有害点的部门及其负责人。

对非矿山企业，国家有关规定要求强制性检查的项目有：锅炉、压力容器、压力管道、高压医用氧舱、起重机、电梯、自动扶梯、施工升降机、简易升降机、防爆电器、厂内机动车辆、客运索道、游艺机及游乐设施等；作业场所的粉尘、噪声、振动、辐射、高温低温、有毒物质的浓度等。

对矿山企业要求强制性检查的项目有：矿井风量、风质、风速及井下温度、湿度、噪声；瓦斯、粉尘；矿山放射性物质及其他有毒有害物质；露天矿山边坡；尾矿坝；提升、运输、装载、通风、排水、瓦斯抽放、压缩空气和起重设备；各种防爆电器安全保护装置；矿灯、钢丝绳等；瓦斯、粉尘及其他有毒有害物质检测仪器；仪表自救器；救护设备；安全帽；防尘口罩或面罩；防护服、防护鞋；防噪声耳塞、耳罩。

4.4.4 安全生产检查的方法

1. 常规检查

常规检查，通常由安全管理人员作为检查工作的主体，到作业现场，通过感观或辅助一定的简单工具、仪表等，对作业人员的行为、作业场所的环境条件、生产设备等进行定性检查。安全检查人员通过这一手段，及时发现现场存在的不安全检查隐患并采取措施予以消除，纠正施工人员的不安全行为。

2. 安全检查表法

安全检查表法（SCL）是事先把系统加以剖析，列出各层次的不安全因素，确定检查项目，并把检查项目按系统的组成顺序编制成表，以便进行检查和评审。安全检查表是进行安全检查，发现和查明各种危险和隐患，监督各项安全检查规章制度的实施，及时性发现事故隐患并制止违章行为的一种有力工具。

3. 仪器检查法

机器、设备内部的缺陷及作业环境的真实信息或定量数据，只能通过仪器检查法来进行定量化的检验与测量，才能发现安全隐患，从而为后续整流器提供信息。因此，必要时需要实施仪器检查。

4.4.5　安全生产检查的工作程序

安全生产检查工作一般包括以下几个步骤。

1. 安全检查准备

准备内容包括：确定检查对象、目的、任务；查阅、掌握有关法规、标准、规程的要求；了解检查对象的工艺流程、生产情况、可能出现的要求；制定检查计划，安排检查内容、方法、步骤；编写安全检查表或检查提纲；准备必要的检测工具、仪器、书写表格或记录本；挑选和训练检查人员，并进行必要的分工等。

2. 实施安全检查

实施安全检查就是通过访谈、查阅文件和记录、现场检查、仪器测量的方式获取信息。

（1）访谈。与有关人员谈话来了解相关部门、岗位执行规章制度的情况。

（2）查阅文件和记录。检查设计文件、作业规程、安全措施、责任制度、操作规程等是否齐全，是否有效；查阅相应记录，判断上述文件是否被执行。

（3）现场检查。到作业现场寻找不安全因素、事故隐患、事故征兆等。

（4）仪器测量。利用一定的检测检验仪器设备，对在用的设施、设备、器材状况及作业环境条件等进行测量，以发现隐患。

3. 通过分析作出判断

进行分析、判断，必要时可以通过仪器、检验得出结论。

4. 及时作出决定进行处理

作出判断后应针对存在的问题作出采取措施的决定，即通过下达意见和要求，包括要求进行信息的反馈。

5. 实现安全检查工作闭环

通过复查整改落实情况，获得整改效果的信息，以实现安全检查工作的闭环。

4.5 安全文化建设

4.5.1 安全文化的定义

要对安全文化下定义，首先需要引用文化的概念。目前对于文化的定义有 100 余种。从不同的角度、在不同的领域、为了不同的应用目的，对文化的理解和定义是不同的。本书赞同这样的定义和理解：文化是明显的或隐含的处理问题的方式和机制；在一种不断满足需要的试图中，观念、习惯、习俗和传说在一个群体中被确立并在一定程度上规范化；文化是一种生活方式，它产生于人类群体，并被有意识地传给下一代。

在安全生产领域，一般从广义角度来理解文化的含义。这里的文化不仅仅是通常的“学历”“文艺”“文学”“知识”的代名词，从广义的概念来认识，“文化是人类活动所创造的精神财富和物质财富的总和”。由于对文化的不同理解，就会产生对安全文化的不同定义。归纳与安全文化定义相关的论述，一般有“狭义说”和“广义说”两类。

“狭义说”的定义强调文化或安全内涵的某一层面。例如，人的素质、企业文化范畴等。西南交通大学曹琦教授在分析了企业各层次人员的本质安全素质结构的基础上，提出了安全文化的定义：安全文化是安全价值观和安全行为准则的总和。安全价值观是指安全文化的内层结构，安全行为准则是指安全文化的表层结构。他还指出了我国安全文化的产生背景，具有现代工业社会生活、现代工业生产和企业现代管理的特点。上述两种定义都具有强调人文素质的特征。其次还有定义认为安全文化是社会文化和企业文化的一部分。特别是以企业安全生产为研究领域，以事故预防为主要目标。或者认为安全文化就是运用安全宣传、安全教育、安全文艺、安全文学等文化手段开展的安全活动。这两种定义主要强调了安全文化应用领域和安全文化的手段方面。

“广义说”把“安全”和“文化”两个概念都做广义解，安全不仅包括生产安全，还扩展到生活、娱乐等领域，文化的概念不仅包含了观念文化、行为文化、管理文化等人方面，还包括物态文化、环境文化等硬件方面。广义的定义有如下几种：

（1）英国保健安全委员会核设施安全咨询委员会（HSCASNI）认为，国际原子能机构核安全咨询组织的安全文化定义是一个理想化的概念，定义中没有强调能力和精通等必要成分，并对安全文化提出了修正的定义，一个单位的安全文化是个人和集体的价值观、态度、能力和行为方式的综合产物，它决定于保健安全管理上的承诺、工作作风和精通程度。具有良好安全文化的单位有如下特征：在相互信任基础上的信息交流；共享安全是重要的想法；对预防措施效能的信任。

（2）美国学者道格拉斯·韦格曼（Douglas Wegman）等人，在2002年5月向美国联邦管理局提交的一份对安全文化研究的总结报告中对安全文化的定义是：安全文化是由一个组织的各层次、各群体中的每一个人所长期保持的、对职工安全和公众安全的价值及优先性的认识。它涉及每个人对安全承担的责任，保持、加强和交流对安全关注的行动，主动从失误中吸取教训，努力学习、调整并修正个人和组织的行为，并且从坚持这些有价值的行为模式中获得奖励等。道格拉斯·韦格曼等人的论述提供了对安全文化表征的认识，即安全文化的通用性表征至少有五个方面：组织的承诺、管理的参与程度、员工授权、奖惩系统和报告系统。

国内研究者的定义是：在人类生存、繁衍和发展的历程中，在人类从事生产、生活乃至实践的一切领域内，为保障人类身心安全（含健康）并使其能安全、舒适、高效地从事一切活动，预防、避免、控制和消除意外事故和灾害（自然的或人为的）；为建立起安全、可靠、和谐、协调的环境和匹配运行的安全体系；为使人类变得更加安全、康乐、长寿，使世界变得友爱、和平、繁荣而创造的安全物质财富和安全精神财富的总和。还有的学者认为：安全文化是人类安全活动所创造的安全生产、安全生活的精神、观念、行为与物态的总和。这种定义是建立在大安全观和大文化观的概念基础上，安全观方面包括企业安全文化、全民安全文化、家庭安全文化等，文化观方面既包括精神、观念等意识形态的内容，也包括行为、环境、物态等实践和物质的内容。

上述定义有如下共同点：

（1）文化是观念、行为、物态的总和，既包括主观内涵，也包括客观存在；

（2）安全文化强调人的安全素质，要提高人的安全素质需要综合的系统工程；

（3）安全文化是以具体的形式、制度和实体表现出来的，并具有层次性；

（4）安全文化具有社会文化的属性和特点，是社会文化的组成部分，属于文化的范畴；

（5）安全文化最重要的领域是企业的安全文化，发展并建设安全文化，最终要建设好企业安全文化。

上述定义的不同点在于：

（1）内涵不同，广义的定义既包括了安全物质层又包括了安全精神层，狭义的定义主要强调精神层面；

（2）外延不同，广义的定义既涵盖企业，还涵盖公共社会、家庭、大众等领域，狭义的定义则局限于文化或安全的某一层面。

4.5.2　安全文化的内涵

安全文化是持续实现安全生产的不可或缺的软支撑。随着社会实践和生产实践的发展，人们发现仅靠科技手段往往达不到生产的本质安全化，需要有文化和科学管理手段的补充和支撑；而管理制度等虽然有一定的效果，但是安全管理的有效性很大程度上依赖于管理者和被管理者对事故原因与对策是否达成一致性认识，取决于对被管理者的监督和反馈是否科学，取决于是否形成了有利于预防事故的安全文化。在安全管理上，时时处处监督企业每一位员工遵章守纪的情况，是一件困难的事情，有时是不可能的，甚至出现这样的结果：要么矫枉过正导致安全管理失灵，要么忽视约束和协调出现安全管理的漏洞。

优秀的安全文化应体现在人们处理安全问题有利的机制和方式上，不仅有利于弥补安全管理的漏洞和不足，而且对预防事故、实现安全生产的长治久安具有整体的支撑。因为倡导、培育安全文化可以使人们对安全事物产生兴趣，树立正确的安全观和安全理念，使被管理者在内心深处认识到安全是自己所需要的，而非别人所强加的；使管理者认识到不能以牺牲劳动者的生命和健康来发展生产，从而使"以人为本"落到实处，安全生产工作变外部约束为主体自律，以达到减少事故、提升安全水平的目的。

4.5.3 安全文化的基本要素

（1）领导者应做到：提供安全工作的领导力，坚持保守决策，以有形的方式表达对安全的关注；在安全生产上真正投入时间和资源；制定安全发展的战略规划，以推动安全承诺的实施；接受培训，在与企业相关的安全事务上具有必要的能力；授权组织的各级管理者和员工参与安全生产工作，积极质疑安全问题；安排对实践或实施过程的定期审查；与相关方进行沟通和合作。

（2）各级管理者应做到：清晰界定全体员工的岗位安全责任；确保所有与安全相关的活动均采用了安全的工作方法；确保全体员工充分理解并胜任所承担的工作；鼓励和肯定在安全方面的良好态度，注重从差错中学习和获益；在追求卓越的安全绩效、质疑安全问题方面以身作则；接受培训，在推进和辅导员工改进安全绩效上具有必要的能力；保持与相关方的交流合作，促进组织部门之间的沟通与协作。

（3）每个员工应做到：在本职工作上始终采取安全的方法；对任何与安全相关的工作保持质疑的态度；对任何安全异常和事件保持警觉并主动报告；接受培训，在岗位工作中具有改进安全绩效的能力；与管理者和其他员工进行必要的沟通。

4.5.4 安全文化的总体要求

（1）安全文化是保护人的身心健康、珍惜人的生命、尊重人权、实现人的生存价值的社会存在及与之相应的观念。

（2）安全文化是人们的安全价值观和安全行为准则的总和。安全文化是人民大众经过长期实践，通过不断丰富的安全实践活动和经验积累，通过安全科学技术的研究以及安全管理的实际体验而提出来的一个科学的概念，也是文化学新的研究领域。

（3）安全文化是经理、工程师、设计者、特别是运行（操作）人员对安全性能的态度和方法的总和。

（4）安全文化是国家和企业对待安全的态度和方法的总和。现代安全文化既是态度问题又是组织问题，既和单位有关，又和个人有关，所有参与处理各种安全文化的组织和人员都应该有正确的理解和积极的响应行动。从深层次上来讲，现代减灾价值观和本质安全化、安全准则的总和构成了安全文化。

（5）安全文化是存在于组织和个人中的对待安全的种种素质和态度的总和，它建立和遵从一种安全是超出一切之上的观念，即“安全第一”“安全至上”的理念。

（6）安全文化是安全科学的母体，安全科学是安全文化的结晶。

（7）安全文化是人类文化中有关安全的物质财富和精神财富的总和，人类是在追求安全的过程中和获得安全时，才有可能创造了物质财富和精神财富并推动社会发展的。

（8）安全文化是社会文化的主要部分，是企业文化的重要方面，是企业安全文化的基础，它是社会和大众对安全价值的肯定。安全第一的原则、安全第一的生活需要、安全第一的企业经营机制、安全稳定的社会、安全和健康、文明和公德，是安全文化的出发点，也是安全文化的归宿。

（9）安全文化的全部内容，对工业文明发展和企业安全生产而言，即企业要把实现生产的社会价值及经济和实现人的价值统一起来，以实现人的生命价值为制约机制，以实现生产的社会价值以及经济效益为动力机制，建立起企业现代科学的运行机制，保护人的身心健康，珍惜人的生命，实现人的自身价值和企业奋斗目标。

（10）安全文化所要解决的特殊矛盾就是使人如何在身心安全、健康、舒适、高效的气氛中生产、生活和生存。安全文化的出发点与归宿是“爱”、是“护”，护自己、爱护他人，爱护自然物，爱护人类共同的物质财富和精神财富，使之免遭意外的伤害和损失。所以安全文化也可以说是社会性的广施“仁爱”的文化。

（11）安全文化是人类文化的重要组成部分。安全文化在工业领域的实践和发展就成了企业（工业或产业）安全文化，与行政或管理工作相结合就成了工作安全文化或安全管理文化。把安全文化引入不同领域，为了人的身心安全（含健康）并使其能舒适、高效活动而创造的物质条件和精神状态，均可称为某领域的安全文化。

（12）安全文化是为了人类安全活动而创造的安全生产、安全生活的观念、行为、环境和条件的总和。

（13）安全文化是个人和集体对待安全健康的价值观、态度、想法、能力和行为方式的综合产物。

（14）安全文化是将职员、管理人员、顾客、供给人员及一般公众暴露于危险或有可能造成伤害的条件降低（减小）到最低程度，为此目的建立起来的规范、信念、任务、态度和习惯的集合。

（15）安全文化是人类安全活动所创造的安全生产、安全生活的精神、观念、行为与物质的总和。这种定义是以“大安全观”和“大文化观”为基础，是企业安全文化、大众安全文化、社区安全文化、家庭安全文化等，以及安全观念、意识形态的精神内容，安全的环境、物质、条件的实在内容都包含于安全文化范畴。

上述关于安全文化的解释并非是安全文化的定义。迄今为止，国内外还没有人在严格的意义上既符合逻辑又准确无误地给安全文化定义。但是，安全文化是不是就没有定义呢？也不是。国际核安全咨询组和英国保健安全委员会核设施安全咨询委员会对此做了很有价值的探索，他们认为具有良好安全文化的单位应有如下三大特征：相互信任基础上的信息交流；共享安全是重要的想法；对预防措施效能的信任。这也是核电站及核工业组织建立其安全文化必须遵从的标准，也是其他工业组织建立安全文化而取得的宝贵经验。

4.5.5 安全文化建设的操作步骤

1. 建立机构

领导机构可以定为“安全文化建设委员会”，必须由生产经营单位主要负责人担任委员会主任，同时要确定一名生产经营单位高层领导人担任委员会的常务副主任。

其他高层领导可以任副主任，有关管理部门负责人任委员。其下还必须建立一个安全文化办公室，办公室可以由生产（经营）、宣传、党群、团委、安全管理等部门的人员组成，负责日常工作。

2. 制定规划

（1）对本单位的安全生产观念、状态进行初始评估。

（2）对本单位的安全文化理念进行定格设计。

（3）制定出科学的时间表及推进计划。

3. 培训骨干

培训骨干是推动企业安全文化建设不断更新、发展，非做不可的事情。训练内容可包括理论、事例、经验和本企业应该如何实施的方法等。

4. 宣传教育

宣传、教育、激励、感化是传播安全文化、促进精神文明的重要手段。规章制度那些刚性的东西固然必要，但安全文化这种柔的东西往往能起到制度和纪律起不到的作用。

5. 努力实践

安全文化建设是安全管理中高层次的工作，是实现零事故目标的必由之路，是超越传统安全管理来解决安全生产问题的根本途径。安全文化要在生产经营单位安全工作中真正发挥作用，必须让所倡导的安全文化理念深入到员工头脑里，落实到员工的行动上。在安全文化建设过程中，紧紧围绕“安全—健康—文明—环保”的理念，通过采取管理定制、精神激励、环境感召、心理调适、习惯培养等一系列方法，既推进安全文化建设的深入发展，又丰富安全文化的内涵。

习题及思考题

1. 简述安全生产规章制度建设依据。
2. 简述安全生产规章制度建设原则。
3.《安全生产法》的立法宗旨都有哪些？
4. 企业安全生产管理制度都有哪些？
5. 简述安全生产监察的性质和意义。

第5章

事故应急救援及处置

5.1 应急预案编制

5.1.1 应急预案的地位和作用

应急预案在应急管理中起着关键作用，它是针对可能发生的重大事故及其影响和后果严重程度，为应急准备和应急响应的各个方面所预先做出的详细安排，是开展及时、有序和有效事故应急救援工作的行动指南。具体来说，应急预案在应急救援中的重要作用和地位体现在以下几点：

（1）应急预案明确了应急救援的范围和体系，使应急准备和应急响应不再无据可依、无章可循，一旦发生事故，可以有序应对、忙而不乱。

（2）通过编制基本应急预案，对那些事先无法预料到的突发事件或事故，也可以起到基本的应急指导作用，成为开展应急救援的“底线”。针对特定危害编制专项应急预案，制定专门应急措施，可大大提高救援的效果。

（3）应急预案有利于做出及时的应急响应，降低事故损失。应急预案预先明确了应急各方的职责和响应程序，在应急力量和应急资源等方面做了大量的准备，可以指导应急救援迅速、高效、有序地开展，将事故造成的人员伤亡、财产损失和环境破坏降到最低限度。此外，如果提前制定了预案，对事故发生后必须迅速解决的一些应急恢复问题，应急预案也会起到重要的指导作用。

（4）应急预案建立了与上级单位和部门应急体系的衔接。通过编制应急预案，可以确保当发生超过本级应急能力的重大事故时，及时与有关应急机构进行联系和协调。

（5）应急预案有利于提高风险防范意识。应急预案的编制、评审、发布、宣传、演练、教育和培训，有利于各方了解可能面临的重大事故及其相应的应急措施，有利于促进各方面提高风险防范意识和能力。其中培训可以让应急响应人员熟悉自己的责任，具备完成指定任务所需的相应技能；演练可以检验预案和行动程序，并评估应急人员的技能和整体协调性。

5.1.2　应急预案的分类

企业安全生产应急预案是各企事业单位根据有关法律、法规，结合各单位特点制定的，主要是本单位应急救援的详细行动计划和技术方案，是各单位应对事故灾难的操作指南。预案确立了企事业单位是其内部发生事故灾难的责任主体，当事故灾难发生时，单位应立即按照预案开展应急救援。

根据中华人民共和国应急管理部组织编制的《生产经营单位生产安全事故应急预案编制导则》（GB/T 29639—2020）（以下简称《导则》），企业安全生产应急预案可以由综合应急预案、专项应急预案和现场处置方案构成，明确企业在事前、事发、事中、事后的各个过程中相关部门和有关人员的职责。企业结合本单位的组织结构、管理模式、风险种类、生产规模等特点，可以对应急预案主体结构等要素进行调整。

1. 综合应急预案

综合应急预案是生产经营单位为应对各种生产安全事故而制定的综合性工作方案，是本单位应对生产安全事故的总体工作程序、措施和应急预案体系的总纲。综合应急预案的主要内容包括：总则、应急组织机构及职责、应急响应、后期处置、应急保障五部分。

2. 专项应急预案

专项应急预案是生产经营单位为应对某一种或者多种类型生产安全事故，或者针对重要生产设施、重大危险源、重大活动，防止生产安全事故而制定的专项工作方案。专项应急预案与综合应急预案中的应急组织机构、应急响应程序相近时，可不编写专项应急预案，相应的应急处置措施并入综合应急预案。

专项应急预案应制定明确的救援程序和具体的应急救援措施。专项应急预案的主要内容包括：适用范围、应急组织机构及职责、响应启动、处置措施、应急保障五部分。

3. 现场处置方案

现场处置方案是针对具体的装置、场所或设施、岗位所制定的应急处置措施。现场处置方案应具体、简单、针对性强。现场处置方案应根据风险评估及危险性控制措施逐一编制，做到事故相关人员应知应会、熟练掌握，并通过应急演练，做到迅速反应、正确处置。现场处置方案的主要内容包括：事故风险描述、应急工作职责、应急处置、注意事项 4 个部分。

除上述 3 个主体组成部分外，企业安全生产应急预案需要有充足的附件支持，主要包括：有关应急部门、机构或人员的联系方式；重要物资装备的名录或清单；规范化格式文本；关键的路线、标识和图纸；相关应急预案名录；有关协议或备忘录（包括与相关应急救援部门签订的应急支援协议或备忘录等）。

综合应急预案、专项应急预案和现场处置方案较详细的主要内容见《导则》。

5.1.3 应急预案的编制

1. 应急预案编制基础

危险源的辨识是应急预案编制的基础。

危险源可能导致死亡、伤害、职业病、财产损失、工作环境破坏或这些情况组合的根源或状态，是指一个系统中具有潜在能量和物质释放危险的、可造成人员伤害、在一定的触发因素作用下可转化为事故的部位、区域、场所、空间、岗位、设备及其位置。它的实质是具有潜在危险的源点或部位，是爆发事故的源头，是能量、危险物质集中的核心，是能量从那里传出来或爆发的地方。危险源存在于确定的系统中，不同的系统范围，危险源的区域也不同。例如，从全国范围来说，对于危险行业（如石油、化工等），具体的一个企业（如炼油厂）就是一个危险源。而从一个企业系统来说，可能某个车间、仓库就是危险源，一个车间系统可能某台设备是危险源。因此，分析危险源应按系统的不同层次来进行。一般来说，危险源可能存在事故隐患，也可能不存在事故隐患，对于存在事故隐患的危险源一定要及时加以整改，否则随时都有可能导致事故。

实际中，对事故隐患的控制管理总是与一定的危险源联系在一起，因为没有危险的隐患也就谈不上要去控制它；而对危险源的控制，实际就是消除其存在的事故隐患或防止其出现事故隐患。所以，在实际中有时不加区别地使用这两个概念。

危险源应由 3 个要素构成：危险因素、存在条件和触发因素，其中危险因素是核心。危险源的危险因素是指一旦触发事故，可能带来的危害程度或损失大小，或者说危险源可能释放的能量强度或危险物质量的大小。危险源的存在条件是指危险源所处的物理状态、化学状态和约束条件状态。例如，物质的压力、温度、化学稳定性、盛装压力容器的坚固性、周围环境障碍物等情况。触发因素虽然不属于危险源的固有属性，但它是危险源转化为事故的外因，而且每一种类型的危险源都有相应的敏感触发因素，如易燃、易爆物质，热能是其敏感触发因素；又如压力容器，压力升高是其敏感触发因素。因此，一定的危险源总是与相应的触发因素相关联。在触发因素的作用下，危险源转化为危险状态，继而转化为事故。

2. 应急预案编制基本要求

应急预案编制是基于企业危险源辨识和风险评估之上，针对可能发生的事故组织制定的应急处置方案，是企业应急管理工作的基础。企业通过危险源辨识和风险评估，组织编制不同类型的应急预案，建立、健全应急预案体系，完善应急准备。为此，《中华人民共和国突发事件应对法》《中华人民共和国安全生产法》等相关法律对企业编制应急预案提出明确要求。《危险化学品安全管理条例》《核电厂核事故应急管理条例》《电力安全事故应急处置和调查处理条例》等行政规章对企业编制应急预案做出了具体规定。《办法》《导则》等部门规章和标准对生产经营单位编制应急预案进行了规范。

应急预案编制工作必须按照有关法律法规的要求，成立应急预案编制工作组，各相关部门共同参与，按照应急预案编制程序，扎实地开展工作，并组织进行演练，才能使应急预案编制的内容符合客观实际，做到防护技术和措施落实到位，相关人员得到培训，应急救援处置技术和必要的救援装备配备到位，相关应急资源全面掌握，应急预案才能真正发挥作用。

编制应急预案是进行应急准备的重要工作内容之一，编制应急预案除了要遵循一定的编制程序外，同时应急预案内容也应满足下列基本要求：

（1）针对性。要针对重大危险源、可能发生的各类事故、关键的岗位和地点、薄弱环节、重要工程。

（2）科学性。编制应急预案必须开展科学分析和论证，制定出决策程序和处置方案。

（3）可操作性。应急预案应具有实用性或可操作性，即发生重大事故灾害时，有关应急组织、人员可以按照应急预案的规定迅速、有序、有效地开展应急救援行动，降低事故损失。

（4）完整性。应急预案内容应完整，包含实施应急响应行动需要的所有基本信息，主要体现在功能（职能）完整、应急过程完整、适用范围完整等方面。

（5）符合性。应急预案中的内容应符合国家法律、法规、标准和规范的要求。

（6）可读性。预案中信息的组织应有利于使用和获取，并具备相当的可读性。

（7）相互衔接。安全生产应急预案应相互协调一致、相互兼容。如企业的应急预案应与上级单位应急预案、当地政府应急预案、主管部门应急预案、下级单位应急预案等相互衔接。

3. 应急预案编制步骤

应急预案编制是一项系统工程，是对企业安全生产管理水平的一项综合考核，涉及企业各个工作部门、各个工作环节和生产工艺，应成立相应的组织机构，在充分调研和分析评估工作基础上完成。《导则》对生产经营单位应急预案编制步骤进行了规范。生产经营单位应急预案编制程序包括成立应急预案编制工作组、资料收集、风险评估、应急资源调查、应急预案编制、桌面推演、应急预案评审和批准实施 8 个步骤。

1）成立应急预案编制工作组

成立应急预案编制工作组有助于各有关职能部门、单位和人员了解和接受自身在应急管理中的角色与职责，有助于各参与方事先了解相关合作方在应急处置工作中的角色，在应急预案编制过程中加强部门间合作，完善应急准备，为有效实施应急预案奠定工作基础。

应急预案编制工作应结合本单位职能分工，成立以单位有关负责人为组长、单位相关部门人员（如生产、技术、设备、安全、行政、人事、财务人员）参加的应急预案编制工作组，明确工作职责和任务分工，制订工作计划，组织开展应急预案编制工作。

预案编制工作组中应邀请相关救援队伍以及周边相关企业、单位或社区代表参加。

2）资料收集

应急预案编制工作组成立之后，首先要开展资料收集工作，主要收集下列相关资料：

（1）适用的法律法规、部门规章、地方性法规和政府规章、技术标准及规范性文件；

（2）企业周边地质、地形、环境情况及气象、水文、交通资料；

（3）企业现场功能区划分、建（构）筑物平面布置及安全距离资料；

（4）企业工艺流程、工艺参数、作业条件、设备装置及风险评估资料；

（5）本企业历史事故与隐患、国内外同行业事故资料；

（6）属地政府及周边企业、单位应急预案。

3）风险评估

风险评估是应急预案编制的基础和关键环节，在危险和有害因素辨识、评价及事故隐患排查、治理的基础上，确定本单位可能发生事故的危险源、事故的类型、影响范围和后果等，并指出事故可能产生的次生、衍生事故，形成分析报告，作为应急预案编制的依据。开展生产安全事故风险评估，撰写评估报告，其内容包括但不限于：

（1）辨识生产经营单位存在的危险有害因素，确定可能发生的生产安全事故类别；

（2）分析各种事故类别发生的可能性、危害后果和影响范围；

（3）评估确定相应事故类别的风险等级。

4）应急资源调查

全面调查和客观分析本单位以及周边单位和政府部门可请求援助的应急资源状况，撰写应急资源调查报告，其内容包括但不限于：

（1）本单位可调用的应急队伍、装备、物资、场所；

（2）针对生产过程及存在的风险可采取的监测、监控、报警手段；

（3）上级单位、当地政府及周边企业可提供的应急资源；

（4）可协调使用的医疗、消防、专业抢险救援机构及其他社会化应急救援力量。

5）应急预案编制

应急预案编制应当遵循以人为本、依法依规、符合实际、注重实效的原则，以应急处置为核心，体现自救互救和先期处置的特点，做到职责明确、程序规范、措施科学。

应急预案编制工作包括但不限下列：

（1）依据事故风险评估及应急资源调查结果，结合本单位组织管理体系、生产规模及处置特点，合理确立本单位应急预案体系；

（2）结合组织管理体系及部门业务职能划分，科学设定本单位应急组织机构及职责分工；

（3）依据事故可能的危害程度和区域范围，结合应急处置权限及能力，清晰界定本单位的响应分级标准，制定相应层级的应急处置措施；

(4) 按照有关规定和要求，确定事故信息报告、响应分级与启动、指挥权移交、警戒疏散方面的内容，落实与相关部门和单位应急预案的衔接。

6) 桌面推演

按照应急预案明确的职责分工和应急响应程序，结合有关经验教训，相关部门及其人员可采取桌面推演的形式，模拟生产安全事故应对过程，逐步分析讨论并形成记录，检验应急预案的可行性，并进一步完善应急预案。桌面推演的相关要求见AQ/T 9007。

7) 应急预案评审

(1) 评审形式。

应急预案编制完成后，生产经营单位应按法律法规有关规定组织评审或论证。参加应急预案评审的人员可包括有关安全生产及应急管理方面的、有现场处置经验的专家。应急预案论证可通过推演的方式开展。

(2) 评审内容。

应急预案评审内容主要包括：风险评估和应急资源调查的全面性、应急预案体系设计的针对性、应急组织体系的合理性、应急响应程序和措施的科学性、应急保障措施的可行性、应急预案的衔接性。

(3) 评审程序。

应急预案评审程序包括下列步骤：

① 评审准备。成立应急预案评审工作组，落实参加评审的专家，将应急预案、编制说明、风险评估、应急资源调查报告及其他有关资料在评审前送达参加评审的单位或人员。

② 组织评审。评审采取会议审查形式，企业主要负责人参加会议，会议由参加评审的专家共同推选出的组长主持，按照议程组织评审；表决时，应有不少于出席会议专家人数的三分之二同意方为通过；评审会议应形成评审意见（经评审组组长签字），附参加评审会议的专家签字表。表决的投票情况应以书面材料记录在案，并作为评审意见的附件。

③ 修改完善。生产经营单位应认真分析研究，按照评审意见对应急预案进行修订和完善。评审表决不通过的，生产经营单位应修改完善后按评审程序重新组织专家评审，生产经营单位应写出根据专家评审意见的修改情况说明，并经专家组组长签字确认。

8) 批准实施

通过评审的应急预案，由生产经营单位主要负责人签发实施。

5.1.4 应急预案的内容要求

《导则》中指出生产经营单位的应急预案体系主要由综合应急预案、专项应急预案和现场处置方案构成。生产经营单位应根据本单位组织管理体系、生产规模、危险源的性质以及可能发生的事故类型确定应急预案体系，并可根据本单位的实际情况，确定是否编制专项应急预案。事故风险单一、危险性小的生产经营单位，可只编制现场处置方案。

《导则》中还罗列了综合应急预案、专项应急预案及现场处置方案所包含的内容。

1. 综合应急预案

综合应急预案是生产经营单位应急预案体系的总纲，主要从总体上阐述事故的应急工作原则，包括生产经营单位的应急组织机构及职责、应急预案体系、事故风险描述、预警信息报告、应急响应、保障措施、应急预案管理等内容。

1）总则

（1）适用范围：明确应急预案适用的范围。

（2）响应分级：依据事故危害程度、影响范围和生产经营单位控制事态的能力，对事故应急响应进行分级，明确分级响应的基本原则。响应分级不必照搬事故分级。

2）应急组织机构及职责

明确应急组织形式（可用图示）及构成单位（部门）的应急处置职责。应急组织机构可设置相应的工作小组，各小组具体构成、职责分工及行动任务应以工作方案的形式作为附件。

3）应急响应

（1）信息报告。

① 信息接报。

明确应急值守电话、事故信息接收、内部通报程序、方式和责任人，向上级主管部门、上级单位报告事故信息的流程、内容、时限和责任人，以及向本单位以外的有关部门或单位通报事故信息的方法、程序和责任人。

② 信息处置与研判

明确响应启动的程序和方式。根据事故性质、严重程度、影响范围和可控性，结合响应分级明确的条件，可由应急领导小组作出响应启动的决策并宣布，或者依据事故信息是否达到响应启动的条件自动启动。

若未达到响应启动条件，应急领导小组可作出预警启动的决策，做好响应准备，实时跟踪事态发展。

响应启动后，应注意跟踪事态发展，科学分析处置需求，及时调整响应级别，避免响应不足或过度响应。

（2）预警。

① 预警启动。

明确预警信息发布渠道、方式和内容。

② 响应准备。

明确作出预警启动后应开展的响应准备工作，包括队伍、物资、装备、后勤及通信。

③ 预警解除。

明确预警解除的基本条件、要求及责任人。

（3）响应启动。

确定响应级别，明确响应启动后的程序性工作，包括应急会议召开、信息上报、资源协调、信息公开、后勤及财力保障工作。

（4）应急处置。

明确事故现场的警戒疏散、人员搜救、医疗救治、现场监测、技术支持、工程抢险及环境保护方面的应急处置措施，并明确人员防护的要求。

（5）应急支援。

明确当事态无法控制情况下，向外部（救援）力量请求支援的程序及要求、联动程序及要求，以及外部（救援）力量到达后的指挥关系。

（6）响应终止。

明确响应终止的基本条件、要求和责任人。

4）后期处置

明确污染物处理、生产秩序恢复、人员安置方面的内容。

5）应急保障

（1）通信与信息保障。

明确应急保障的相关单位及人员通信联系方式和方法，以及备用方案和保障责任人。

（2）应急队伍保障。

明确相关的应急人力资源，包括专家、专兼职应急救援队伍及协议应急救援队伍。

（3）物资装备保障。

明确本单位的应急物资和装备的类型、数量、性能、存放位置、运输及使用条件、更新及补充时限、管理责任人及其联系方式，并建立台账。

（4）其他保障。

根据应急工作需求而确定的其他相关保障措施（如：能源保障、经费保障、交通运输保障、治安保障、技术保障、医疗保障及后勤保障）。

应急保障相关内容应尽可能在应急预案的附件中体现。

2. 专项应急预案

专项应急预案是生产经营单位为应对某一种或者多种类型生产安全事故，或者针对重要生产设施、重大危险源、重大活动，防止生产安全事故而制定的专项工作方案。专项应急预案与综合应急预案中的应急组织机构、应急响应程序相近时，可不编写专项应急预案，相应的应急处置措施并入综合应急预案。专项应急预案主要包括适用范围、应急组织机构及职责、响应启动、处置措施和应急保障等内容。

1）适用范围

说明专项应急预案适用的范围，以及与综合应急预案的关系。

2）应急组织机构及职责

明确应急组织形式（可用图示）及构成单位（部门）的应急处置职责。应急组织机构可以设置相应的应急工作小组，各小组具体构成、职责分工及行动任务建议以工作方案的形式作为附件。

3）响应启动

明确响应启动后的程序性工作，包括应急会议召开、信息上报、资源协调、信息公开、后勤及财力保障工作。

4）处置措施

针对可能发生的事故风险、危害程度和影响范围，明确应急处置指导原则，制定相应的应急处置措施。

5）应急保障

根据应急工作需求明确保障的内容。

专项应急预案包括但不限于适用范围、应急组织机构及职责、响应启动、处置措施相关的内容。

3. 现场处置方案

现场处置方案是生产经营单位根据不同生产安全事故类型，针对具体场所、装置或者设施所制定的应急处置措施。现场处置方案重点规范事故风险描述、应急工作职责、应急处置措施和注意事项，应体现自救互救、信息报告和先期处置的特点。事故风险单一、危险性小的生产经营单位，可只编制现场处置方案。生产经营单位应根据风险评估、岗位操作规程以及危险性控制措施，组织本单位现场作业人员及安全管理等专业人员共同编制现场处置方案。

1）事故风险描述

简述事故风险评估的结果（可用列表的形式列在附件中）。

2）应急工作职责

明确应急组织分工和职责。根据现场工作岗位、组织形式及人员构成，明确各岗位人员的应急工作分工和职责。

3）应急处置

应急处置包括但不限于下列内容：

（1）应急处置程序。根据可能发生的事故及现场情况，明确事故报警、各项应急措施启动、应急救护人员的引导、事故扩大及同生产经营单位应急预案衔接的程序。

（2）现场应急处置措施。针对可能发生的事故，从人员救护、工艺操作、事故控制、消防、现场恢复等方面制定明确的应急处置措施。

(3) 明确报警负责人、报警电话及上级管理部门、相关应急救援单位联络方式和联系人员，明确事故报告基本要求和内容。

4) 注意事项

注意事项包括人员防护和自救互救、装备使用、现场安全等方面的内容。

(1) 佩戴个人防护器具方面的注意事项；

(2) 使用抢险救援器材方面的注意事项；

(3) 采取救援对策或措施方面的注意事项；

(4) 现场自救和互救注意事项；

(5) 现场应急处置能力确认和人员安全防护等事项；

(6) 应急救援结束后的注意事项；

(7) 其他需要特别警示的事项。

4. 应急预案管理

1) 应急预案培训

明确对生产经营单位人员开展的应急预案培训计划、方式和要求，使有关人员了解相关应急预案内容，熟悉应急职责、应急程序和现场处置方案。如果应急预案涉及社区和居民，要做好宣传教育和告知等工作。

2) 应急预案演练

明确生产经营单位不同类型应急预案演练的形式、范围、频次、内容以及演练评估、总结等要求。

3) 应急预案修订

明确应急预案修订的基本要求，并定期进行评审，实现可持续改进。

4) 应急预案备案

明确应急预案的报备部门，并进行备案。

5) 应急预案实施

明确应急预案实施的具体时间、负责制定与解释的部门。

5.2 应急演练

应急演练工作可以检验应急预案，发现应急预案中存在的问题，提高应急预案的针对性、实用性和可操作性；完善准备，完善应急管理标准制度，改进应急处置技术，补充应急装备和物资，提高应急能力；磨合机制，完善应急管理部门、相关单位和人员的工作职责，提高协调配合能力；宣传教育，普及应急管理知识，提高参演和观摩人员风险防范意识和自救互救能力；锻炼队伍，熟悉应急预案，提高应急人员在紧急情况下妥善处置事故的能力。

5.2.1 应急演练的类型

根据中华人民共和国应急管理部提出的《生产安全事故应急演练基本规范》（AQ/T 9007—2019），应急演练按照演练内容分为综合演练和单项演练，按照演练形式分为实战演练和桌面演练，按目的与作用分为检验性演练、示范性演练和研究性演练，不同类型的演练可相互组合。

应急演练可采用不同规模的应急演练方法对应急预案的完整性和周密性进行评估，根据应急演练的内容、组织形式、目的与作用等，可将应急演练划分为不同的类型。

1. 按演练内容分类

突发事件的应对包含预防准备、预测预警、应急响应、恢复处置等阶段，应对处置过程中的多项应急功能都是应急演练的内容。根据应急演练内容的不同，可以将应急演练分为综合演练和专项演练两类。

1）综合演练

（1）基本定义。

综合演练是指针对安全生产应急预案中全部或者大部分应急功能，检验、评价应急救援系统进行整体应急处置能力的演练活动。综合演练要求应急预案所涉及的组织单位、部门都要参加，以检验他们之间协调联动能力，检验各个组织机构在紧急情况下能否充分调用现有的人力、物力等各类资源来有效控制事故并减轻事故带来的严重后果，确保公众人员人身财产安全。

（2）工作内容。

由于综合演练涉及较多的应急组织部门和各类资源，综合演练工作内容繁多，因此准备时间要求较长，主要包括以下内容：

演练的申请和报批。应急演练组织单位需要提前向生产经营单位领导或政府相关部门提出演练申请，在得到批准回复后方可进行正式演练准备。

演练方案的制定。要使演练活动顺利实施并达到预期效果，就必须在演练准备过程中制定完善的演练方案，保证演练过程按计划进行。

参演组织协调合作。综合演练一般涉及多个应急组织单位或机构部门，各部门人员必须坚守自己的岗位，相互之间协调合作，才能保证演练活动稳定有序开展。

演练资源的调用。综合演练涉及器材、设备等资源众多，演练过程中须确保所需的各类资源齐全。

演练后期工作。演练结束后，需要对演练场所进行恢复处置，对演练结果进行评估。

（3）主要特点。

综合演练的主要特点是综合性，演练由政企联动、部门协调进行，涉及环节多、规模大。综合演练是一种实操性实验活动，演练过程涉及整个应急救援系统的每一个响应要素，是最高水平的演练活动，能够系统地反映目前生产经营单位安全生产或区域应急救援系统应对突发重大事故灾难所具备的应急能力。综合演练所需动用的人力、物力、财力相当庞大，演练成本相对较高，因而不适合频繁开展。

同时，鉴于综合演练规模大和接近实战的特点，必须确保所有参演人员都已经过系统的应急培训并通过考核，确保演练保障措施全面到位，以有效保证参演人员安全及整个演练过程顺利完成。演练还需要成立评估小组，对演练过程和结果进行分析评估。演练完成后，除采用口头汇报、书面汇报以外，还应递交正式的演练总结报告给各参演单位和地方行政部门备案。

2）专项演练

（1）基本定义。

专项演练是指为测试和评价应急预案中特定应急响应功能，或现场处置方案中一系列应急功能而进行的演练活动，注重针对一个或少数几个特定环节和功能进行检验。

专项演练除了可以像模拟实战一样在应急指挥中心内举行，还可以同时开展小规模的现场演练，调用有限的应急资源，主要目的是针对特定的应急响应功能，检验应急人员以及应急救援系统的响应能力。如在毒气泄漏情景下的应急疏散演练主要是检验应急救援系统能否根据现场检测采集的毒物数据，结合当地地理环境和气象条件制定合理的现场人员疏散策略，交付现场指挥人员落实，在演练预定的时间内把人员疏散到安全区域；又如，针对交通运输活动的演练，其目的是检验应急组织建立现场指挥所、协调现场应急响应人员和交通运载能力。

（2）工作内容。

专项演练主要针对部分应急响应功能进行实施，演练侧重点明显，工作细致深入。演练主要内容如下：

① 充分的准备工作。专项演练相对于桌面模拟演练来说，规模大，需要动用的资源多，通常需要安排较长的准备时间，且准备工作要有应急领域相关专家参与。准备的内容包括模拟器材应急设备、演练计划等，必要时可以向上级政府或国家级应急机构提出技术支持请求。

② 演练过程的有效实施。专项演练主要检验特定应急功能的响应水平，技术性强，整个演练过程需要应急演练相关专家亲自参与，参演人员具有事故处置经验，保证演练过程顺利进行。

③ 进行重点评估。专项演练要成立专门的演练评估小组，对演练过程进行详细记录并评估结果，评估人员数量视演练规模而定。

（3）主要特点。

专项演练的主要特点是目的明确、针对性强，演练活动主要围绕特定应急功能展开，无须启动整个生产经营单位或区域应急救援系统，演练的规模得到控制，这样既降低了演练成本，又达到了“实战”的演练效果。

演练结束后，除参演人员需要进行口头汇报外，还需向生产经营单位领导层及地方行政部门提交演练活动的正式书面汇报，并针对演练中发现的问题提出整改建议。

2. 按演练形式分类

根据应急演练形式的不同，可以将应急演练分为模拟演练和现场演练两种。

1）模拟演练

（1）基本定义。

模拟演练是指应急救援系统内的指挥成员以及各应急组织负责人在约定的时间聚集在室内（一般是在应急指挥中心），设置情景事件要素，在室内设备或仪器（图纸、沙盘、计算机系统）上，按照应急预案程序模拟实施预警、应急响应、指挥与协调、现场处置与救援等应急行动和应对措施的演练活动。

模拟演练主要针对预先设定的事故情景，以口头交谈的方式，按照应急预案中的应急程序，讨论事故可能造成的影响以及应对的解决方案，并归纳成一份简短的书面报告备案。

（2）工作内容。

模拟演练最好提前一个月进行准备，准备的内容包括：确定能够容纳所有参演人员的室内场所；设定需要讨论的事故情景；准备模拟真实场景的道具、各种电子器材和其他辅助设备。

模拟演练过程中，参演人员围绕模拟场景，积极讨论，提出各种问题和见解，得出相应解决办法和措施。演练结束后，评估人员对演练结果进行评估总结，并整理成书面报告。

举行模拟演练的目的是：在友好、较小压力的情况下，提高应急救援系统中指挥人员制定应急策略、解决实际问题的能力，并解决应急组织在相互协作和权责划分方面存在的问题。在应急管理工作中，模拟演练经常作为大规模综合演练的“预演”。

（3）主要特点。

模拟演练的最大优点是无需在真实环境中模拟事故情景及调用真实的应急资源，演练成本较低，有利于实现成本效益最大化。近几年，随着信息技术的发展，借助计算机技术、虚拟现实技术、电子地图以及专业的演练程序包等，在室内即能逼真地模拟多种类型的事故场景，将事故的发生和发展过程展示在大屏幕上，大大增强了演练的真实感。

2）现场演练

（1）基本定义。

现场演练是指事先设置突发事件情景及其后续发展情景，参演人员调集可利用的应急资源，针对应急预案中的部分或所有应急功能，通过实际决策、行动和操作，完成真实应急响应的过程，从而检验和提高相关人员的临场组织指挥、队伍调动、应急处置、后勤保障等应急能力的演练活动。现场演练与模拟演练不同之处主要体现在，现场演练通常在室外或者在可能发生情景事件的实际场所完成。

（2）工作内容。

现场演练进行的是实战演练，在场人员不仅涉及参演相关工作人员，还可能包括现场群众以及路过之人。因此，现场演练的场面较大、真实、复杂，为保证演练的正常进行和现场秩序的稳定，需要进行充分准备，时间一般在三个月以上，主要包括以下内容。

① 设施设备的准备。现场演练需要准备大量设施，除了演练需要的应急器材、设备、人员配备以外，还包括维护现场秩序装备、保障生命财产设施等。

② 演练工作的准备。现场演练准备过程包括演练的申请和报批、演练方案制定、演练计划安排及人员、资源分配等。

③ 善后工作的准备。演练结束后，必须对演练现场进行清理恢复，将演练设备整理归库；对演练进行总结，除口头、书面汇报以外，还需要将演练过程和结果制成一份正式的演练总结报告提交给上级各部门和各参演组织部门。这些都属于善后工作范畴，需要认真准备。

（3）主要特点。

现场演练目的明确，针对性强，着眼于实战，实效性突出。现场演练情景逼真，氛围活跃，可以提高应急救援系统中的工作人员处理突发事件、解决实际问题的能力。现场演练能很好地发现应急预案中存在的问题以及应急体系在处理特定生产安全事故中的不足，通过现场演练能够完善预案、整改存在的问题，提高应急队伍的实战经验。

现场演练的最大优点是真实性、针对性和实效性，它不仅是完全模拟真实情景来布置和进行演练；更是将现实情况下可能发生的特定突发情况都考虑在内，这样就能够做到在突发事故发生时把损失降到最低。

但是，由于现场演练阵容庞大和过程复杂，所以大规模现场演练成本高、危险性大，不适合频繁举行。各级政府和生产经营单位需根据自身实际情况确定现场演练规模和演练频次，以小规模的现场演练为主。

3. 按演练目的分类

生产经营单位为了提高生产安全性，通过开展安全生产应急演练活动，可以检验与评估应急预案、应急响应能力，总结安全生产相关问题的解决方法等。根据应急演练目的的不同，可以把应急演练分为检验性演练和研究性演练。

1）检验性演练

（1）基本定义。

检验性演练是指为检验应急预案的可行性、应急准备的充分性、应急机制的协调性及相关人员的应急处置能力而组织的演练活动。

与专项演练一样，检验性演练也是用来检验应急人员和应急救援系统的响应能力，不同的是专项演练注重于测试和评价应急预案中的应急功能，检验性演练则侧重于验证应急预案、应急机制等是否具有实际可行性。

（2）工作内容。

检验性演练的目的是检验应急救援体系在应对生产安全事故时的适用性和有效性，由于其目的的特殊性，检验性演练可以以模拟演练、综合演练等其他演练相类似的方式进行，只是演练程序较为简略，侧重点不同而已。

检验性演练准备时间的长短根据所选择的演练方式而定，在进行演练之前，需要对应急预案、应急机制和应急人员进行充分了解、整体把握，针对这些内容进行演练，检验其可行性，演练结束后根据检验结果进行完善。

检验性演练重点工作在于明确需要检验的响应功能，完善演练方案，确保演练检验设备（生命探测仪、多种气体检测仪、测风表等）的齐全，尽可能提高生产经营单位应急相关人员应对突发生产安全事故的实战能力及对应急预案的熟练程度。

（3）主要特点。

检验性演练的特点是目的明确、单一，演练方法灵活多变，能够更好地找出应急预案、应急机制和应急人员分配中存在的较大问题，对应急体系的完善和改进具有明显的作用。

检验性演练与其他演练的主要区别是不预先告知情景事件，由应急演练组织者随机控制，参演人员根据情景事件的发展，按照应急预案组织实施预警、应急响应、指挥与协调、现场处置与救援等全部或部分应急行动。

2）研究性演练

（1）基本定义。

研究性演练是指为研究和解决突发事故应急处置的重点、难点问题，试验新方案、新技术、新装备而组织的演练活动，是为验证突发事故发生的可能性、波及范围、风险水平以及检验应急预案的可操作性、实用性等而进行的预警、应急响应、指挥与协调、现场处置与救援等应急行动和应对措施的演练活动。

（2）工作内容。

研究性演练主要以探讨和试验的方式进行，目的是针对突发事故，研究探讨应急预案的可行性、应急指挥体系的可靠性、技术装备的实用能力等。通过研究性演练，探索安全生产应急管理体系应对突发事故时指挥机构、指挥关系和指挥机制中存在的问题，为预防和应对突发生产安全事故提供理论和实验依据，以适应现代企业应急准备的需要。

研究性演练是边探索应急体系的不足边研究解决方法的过程，演练活动复杂且难度高，需要较长的准备时间，以充分调用和协调人力、物力的使用来确保演练的效果。演练准备工作包括以下内容：

① 演练目标的确定。确定演练需要研究的问题，列举一系列可能的解决方法。

② 参演人员的选择。参演人员必须是应急领域的专家，最好具有资深的演练经验。

③ 演练器材的准备。演练过程需要现代科学设备辅助进行，如计算机、立体虚拟

模拟环境等。

④ 演练结果处理方案的制定。对演练结束后，演练结果的处理方法、程序进行准备。研究性演练结果需要参演专家共同讨论得出最终成果。

（3）主要特点。

研究性演练的特点是科学性和实用性，演练过程围绕预先制定的研究目标展开，通过试验探索新事物、新问题的处理方法，完善预防突发生产安全事故的准备工作和提高应急处置能力。

与检验性演练不同的是，研究性演练着重于提出解决应急体系中各类问题的方法，以完善应急预案的可行性，提高应急体系的适用性。

研究性演练是带着疑问而进行的演练活动，每一次研究性演练的开展，都会使应急人员的协调能力、指挥能力、应对能力得到一定的提升，同时也会发现一些新事物，但演练成本的限制使其不适宜频繁举行。根据现实情况的需要，不同类型的演练可以相互组合，形成单项模拟演练、综合模拟演练、单项现场演练、综合现场演练、检验型单项演练、检验型综合演练等。

4. 其他分类

除了上述分类方法，应急演练还有其他分类方法，如图上演练和沙盘演练、单项演练和组合演练、室内演练和室外演练、战术演练和战略演练，以及政府组织演练和生产经营单位组织演练等。

1）图上演练和沙盘演练

图上演练是以图纸为基础，设置情景事件，将演练场所、周边情况、事件发生地点和疏散路线等绘于图上，根据应急预案，在图纸上面展开应急响应、应急处置和救援等应急行为的演练活动。图上演练简单明了、清晰易懂，演练相关人员很容易接收指挥信息，坚守各自的岗位和职责，易于提高各部门人员间的协调控制能力，达到演练目的。

沙盘演练是将现实场景按比例缩小后展现于沙盘上，现场演练人员根据预先设置的情景事件，依据应急预案在沙盘上模拟组织指挥协调、应急处置和其他应急措施的演练活动。沙盘演练形象真实，完全是现实场景的缩小化，具有很好的应用效果。

图上演练和沙盘演练都属于将实际情况简化的模拟演练活动，虽然不完全符合实际，但在一定程度上真实地反映了处置突发生产安全事故的情况，而且演练成本低，适合于经常开展。

2）单项演练和组合演练

单项演练是根据应急预案，检验预案中某一项应急响应行为或应急措施的应急功能演练活动。单项演练目的单一明确，检验应急预案单个环节、单个层次的应急行动或应对措施的针对性、可操作性、适用性，重点提高应急处置与救援能力，易于进行，对应急预案中的应急功能具有很好的检验效果。

组合演练是根据情景事件要素，按照应急预案检验（包括预警、应急响应、指挥与协调、现场处置与救援、保障与恢复等应急行动）和应对措施的多项或全部应急功能的演练活动。组合演练过程复杂且成本较高。目的是检验应急预案、程序的可操作性，应急救援方案和应急机制运行的可靠性，相关人员应急行动的熟练程度，多方面提高综合应对突发生产安全事故的能力。

3）室内演练和室外演练

室内演练是指应急救援人员聚集在室内（一般是指应急指挥中心）就可以根据应急预案完成某些功能的演练活动。室内演练主要是以讨论、推演、模拟为主的演练活动，通过借助各种电子器材和设备模拟事故情景，然后进行讨论得出应对事故的方案。

室外演练是指所有参演人员针对应急预案中的应急功能，在室外完成检验和评价应急系统应急处置能力的演练活动。室外演练主要以实战演练为主，规模大、真实性高，所以需要充分准备以保证演练效果和演练过程安全。

4）战术演练和战略演练

战略和战术来源于战争实践，应用于军事领域。战略是指导战争全局的策略，现泛指统领性的、全局性的、左右胜败的谋略、方案和对策；战术是指导和进行战斗的方法，现泛指为达到目标而采取的行动方法。战略是发现智谋的纲领，战术是创造实在的行为。

战术演练是针对应急预案中的一项或多项应急功能，预先制定出特定的演练方法和过程的演练活动。战术演练一般要有技巧性、创新性，且演练方案具有借鉴的价值。

战略演练是指为达到检验应急系统应急能力的目的而进行的一系列演练活动。战略演练是多个战术演练系统的组合。战略演练重在完成目标、制定演练策略，是从整体出发的演练活动。

战术演练侧重于局部演练计划、演练过程和方法，战略演练侧重于整体演练方针、演练结果和理论，二者既有本质区别，又有紧密的联系。

5）政府组织演练和生产经营单位组织演练

安全生产应急演练的开展需要由专门的单位或部门进行精细组织与策划，由演练组织单位安排各机构和人员根据自身职责分工合作，完成演练活动。应急演练活动一般由政府部门或生产经营单位组织开展，因此，根据演练组织主体，又可以把应急演练分为政府组织演练和生产经营单位组织演练。

政府组织是指以各级政府部门为组织主体，安排部署应急演练活动的实施。政府组织演练主要针对影响较大、与公众生活息息相关的突发事故的应急救援演练活动，例如地震应急救援、重大交通事故应急救援、重大危险化学品泄漏（爆炸）等综合性应急演练。政府组织演练通常以政府相关机构及领导组成演练领导小组，指挥演练的进行。

生产经营单位组织是指由生产经营单位安全管理部门主体组织与策划、单位管理层领导指挥演练活动实施，演练主要针对单位自身极易发生的突发生产事故根据单位已有的应急救援预案在本单位内部开展演练活动。

应急演练活动的开展一般均由政府或生产经营单位组织进行，特殊情况下也有某些社会机构根据自身情况组织演练活动。有时开展大型应急演练，需要由政府部门及生产经营单位联合举行，政府提供部分必要的资源、政府官员作为演练领导进行指挥，也可认为政府是演练组织主体。

5.2.2 常用应急演练方式

应急演练的类型有多种，按照各种不同方式划分的演练类型在内容上相互交叉，根据政府、生产经营单位平时的演练经验，对这些类型进行归纳总结，按照我国重大事故应急管理体制与应急准备工作的具体要求，将常用的应急演练方式大致分为桌面演练、功能演练和全面演练三种类型。

1. 桌面演练

桌面演练是指在室内会议桌或相关仪器设备上模拟演练情景，并对此进行口头讨论的演练活动，通常情况下与模拟演练相同，主要包括图上演练、沙盘演练等类别的室内演练。

1）基本定义

桌面演练的主要作用是使演练人员在检查和解决应急预案中存在的问题的同时，获得一些建设性的讨论结果，并锻炼演练人员解决问题的能力，以及解决应急组织相互协作和职责划分问题。

2）主要特点

桌面演练只需展示有限的应急响应和内部协调活动，应急响应人员主要来自应急参与单位，演练内容大都为本单位应急职责内的应急行动和对内对外的协调联络。活动事后一般采取口头评论形式收集演练人员的建议，并形成一份简短的书面报告，总结演练活动情况和改进有关应急响应工作的建议。提出的改进建议经有关领导批准后，负责应急救援工作的部门人员应对具体行动方案进行修改完善。

桌面演练方法成本低，针对性强，主要为功能演练和全面演练服务，是应急行动单位为应对生产安全事故做准备常采用的一种有效方式，也是政府、生产经营单位应急部门或者负有应急职责的单位、部门独立组织演练活动的一种方式。

随着科学技术的发展，计算机仿真模拟成为桌面演练的新形式，由于其效果逼真、演练功能模块全面、计算机程序化等特点，成为现在桌面演练研究的重点，计算机仿真模拟演练将开启桌面演练的新时代。

2. 功能演练

1）基本定义

功能演练是指针对某个专项领域（如电力事故、特种设备事故、交通事故、火灾、食物中毒、恐怖事件等）、特定事件级别（特大事故级别以下）、某项应急响应功能或其中某些应急响应活动举行的演练活动。

2）工作内容

生产经营单位安全生产功能演练一般由应急救援部门的工作人员负责，通常在特定的危险场所进行，所调动的人员、装备按照预案规定满足演练要求即可。演练目的是检验该类紧急状况出现时，生产经营单位主要参与应急的部门和人员能否迅速响应，能否按照预定方案进行应急处置。

功能演练有多种类别，其各自目的和作用不同，具体举例如下：

（1）指挥和控制的功能演练。主要目的是检测、评价在多个部门参与的情况下，在一定的压力状况下，集权式的应急运行机制和响应能力能否满足实际应急需求，外部资源的调用范围和规模能否满足相应模拟紧急情况时的指挥和控制要求。

（2）生产经营单位针对某类危险化学品火灾事故的功能演练。主要目的是检验此类危险化学品的灭火方案是否完善，灭火装备是否满足扑灭该类危险化学品火灾的要求，应急人员是否熟练掌握该类火灾的灭火操作技能等。

（3）针对某类食物中毒事件的功能演练。主要目的是检验该类食物中毒事件的应急处置方案是否符合实际，特别是检验在当地医疗救护条件无法满足实际要求的情况下，调用外部资源时能达到的最快速度，检验医疗救护响应是否满足应对该类事件的要求，检验应急人员是否熟练掌握该类中毒事件的医疗救护操作技能等。

3）主要特点

功能演练主要是针对某类较为单一的事件、某些应急响应功能，检验应急响应人员以及应急救援体系的指挥和协调能力，检验对某类特定应急状况的处置能力。政府、生产经营单位在策划某类紧急状况应急演练时常常采用功能演练方式。

功能演练比桌面演练规模要大，需动员更多的应急响应人员和组织，演练方案设计、协调和评估工作的难度也较大。演练完成后除口头评论外，组织单位还应向本单位主管领导上级行政主管部门或应急管理部门提交有关演练活动的书面报告，提出改进建议。

3. 全面演练

1）基本定义

全面演练是指针对应急预案中绝大多数或全部应急响应功能，全面检验评价应急体系的应急处置能力而开展的演练活动。全面演练包括综合演练、组合演练等。

全面演练主要是检验整个应急体系的适用性、应急行动的协调性、组织与人员的协调联动能力，这种演练方式也就是通常所说的联合演练。全面演练时间可以根据演练的规模和内容视情况而定，一般要求持续几个小时。

2）工作内容

全面演练涉及内容广、工作量大，可由生产经营单位和政府部门独立举行，也可联合开展，不同性质和规模的全面演练工作内容、目的都不相同。全面演练包括：

（1）生产经营单位全面演练：由生产经营单位独立举行的综合性演练。

（2）区域性全面演练：本区域内政府、生产经营单位单独或联合举行的综合性演练。

（3）跨区域全面演练：相邻区域政府、生产经营单位联合举行的综合性演练。

3）主要特点

全面演练策划难度大，演练内容一般还包括次生灾害事故及其应急处置，涉及的内外应急资源多，协调难度高，考虑因素全面，评价体系复杂。演练不仅涉及本生产经营单位或者本级政府大部分部门、人员、装备，有时还涉及其他单位、相关政府甚至上级政府。

全面演练一般采取交互式方式进行，演练过程要求尽量真实，预案规定范围内的应急部门大部分都要参加，应急人员和资源都要全面调动，演练通常采取近似实战的方式，协调性要求很高。演练目的是检验、评价在多级政府、多部门、多个生产经营单位、多种应急力量参与情况下，在最大范围、最大限度调动应急资源时，应急行动能否高效实施，生产安全事故能否得到有效控制。

演练完成后，负责牵头策划、组织的单位需对参演单位进行口头总结，向上一级行政主管部门或应急管理部门提交有关演练活动的书面汇报，并提交正式的演练评价报告。

5.2.3　应急演练的工作原则及工作要求

1. 应急演练工作原则

（1）符合相关规定：按照国家相关法律法规、标准及有关规定组织开展演练。

（2）依据预案演练：结合生产面临的风险及事故特点，依据应急预案组织开展演练。

（3）注重能力提高：突出以提高指挥协调能力、应急处置能力和应急准备能力组织开展演练。

（4）确保安全有序：在保证参演人员、设备设施及演练场所安全的条件下组织开展演练。

2. 应急演练工作要求

（1）准备充分：事先发出通知，编写宣传材料，安排后勤工作，编写演练计划和演练方案，准备演练所需的辅助手段。

（2）情景真实：根据演练类别的不同，提供不同的演练场地，采用多种方式营造真实可信的演练情景。

（3）过程控制：演练控制人员要引导演练进程、管理演练时间，同时尽可能鼓励演练人员自己解决难题。

（4）评估总结：使用签到单、参演人员活动单、记录表、评估表、图上标注、录音、摄影、摄像等多种手段收集记录演练过程的各种资料，及时进行评估总结。

5.2.4 应急演练实施基本流程

应急演练实施基本流程包括计划、准备、实施、评估总结、待续改进五个阶段。

1. 计划

1）需求分析

全面分析和评估应急预案、应急职责、应急处置工作流程和指挥调度程序、应急技能和应急装备、物资的实际情况，提出需通过应急演练解决的内容，有针对性地确定应急演练目标，提出应急演练的初步内容和主要科目。

2）明确任务

确定应急演练的事故情景类型、等级、发生地域，演练方式，参演单位，应急演练各阶段主要任务，应急演练实施的拟定日期。

3）制订计划

根据需求分析及任务安排，组织人员编制演练计划文本。

2. 准备

1）成立演练组织机构

综合演练通常应成立演练领导小组，负责演练活动筹备和实施过程中的组织领导工作，审定演练工作方案、演练工作经费、演练评估总结以及其他需要决定的重要事项。演练领导小组下设策划与导调组、宣传组、保障组、评估组。根据演练规模大小，其组织机构可进行调整。

（1）策划与导调组：负责编制演练工作方案、演练脚本、演练安全保障方案，负责演练活动筹备、事故场景布置、演练进程控制和参演人员调度以及与相关单位、工作组的联络和协调；

（2）宣传组：负责编制演练宣传方案，整理演练信息、组织新闻媒体和开展新闻发布；

（3）保障组：负责演练的物资装备、场地、经费、安全保卫及后勤保障；

（4）评估组：负责对演练准备、组织与实施进行全过程、全方位的跟踪评估，演练结束后，及时向演练单位或演练领导小组及其他相关专业组提出评估意见、建议，并撰写演练评估报告。

2）编制文件

（1）工作方案。

演练工作方案应包括以下内容：

① 目的及要求；

② 事故情景；

③ 参与人员及范围；

④ 时间与地点；

⑤ 主要任务及职责；

⑥ 筹备工作内容；

⑦ 主要工作步骤；

⑧ 技术支撑及保障条件；

⑨ 评估与总结。

（2）脚本。

演练一般按照应急预案进行，按照应急预案进行时，根据工作方案中设定的事故情景和应急预案中规定的程序开展演练工作。演练单位根据需要确定是否编制脚本，如编制脚本，一般采用表格形式，主要内容如下：

① 模拟事故情景；

② 处置行动与执行人员；

③ 指令与对白、步骤及时间安排；

④ 视频背景与字幕；

⑤ 演练解说词；

⑥ 其他。

（3）评估方案。

演练评估方案一般包括如下内容：

① 演练信息：目的和目标、情景描述，应急行动与应对措施简介；

② 评估内容：各种准备、组织与实施、效果；

③ 评估标准：各环节应达到的目标评判标准；

④ 评估程序：主要步骤及任务分工；

⑤ 附件：所需要用到的相关表格。

（4）保障方案。

演练保障方案应包括应急演练可能发生的意外情况、应急处置措施及责任部门、应急演练意外情况中止条件与程序。

（5）观摩手册。

根据演练规模和观摩需要，可编制演练观摩手册。演练观摩手册通常包括应急演练时间、地点、情景描述、主要环节及演练内容、安全注意事项。

（6）宣传方案。

编制演练宣传方案，明确宣传目标、宣传方式、传播途径、主要任务及分工、技术支持。

3）工作保障

根据演练工作需要，做好演练的组织与实施需要相关保障条件。保障条件主要内容如下：

（1）人员保障：按照演练方案和有关要求，确定演练总指挥、策划导调、宣传、保障、评估、参演人员参加演练活动，必要时设置替补人员；

（2）经费保障：明确演练工作经费及承担单位；

（3）物资和器材保障：明确各参演单位所准备的演练物资和器材；

（4）场地保障：根据演练方式和内容，选择合适的演练场地，演练场地应满足演练活动需要，应尽量避免影响企业和公众正常生产、生活。

（5）安全保障：采取必要安全防护措施，确保参演、观摩人员以及生产运行系统安全；

（6）通信保障：采用多种公用或专用通信系统，保证演练通信信息通畅；

（7）其他保障：提供其他保障措施。

3. 实施

1）现场检查

确认演练所需的工具、设备、设施、技术资料以及参演人员到位。对应急演练安全设备、设施进行检查确认，确保安全保障方案可行，所有设备、设施完好，电力、通信系统正常。

2）演练简介

应急演练正式开始前，应对参演人员进行情况说明，使其了解应急演练规则、场景及主要内容、岗位职责和注意事项。

3）启动

应急演练总指挥宣布开始应急演练，参演单位及人员按照设定的事故情景，参与应急响应行动，直至完成全部演练工作。演练总指挥可根据演练现场情况，决定是否继续或中止演练活动。

4）执行

（1）桌面演练执行。

在桌面演练过程中，演练执行人员按照应急预案或应急演练方案发出信息指令后，参演单位和人员依据接收到的信息，回答问题或模拟推演的形式，完成应急处置活动。通常按照四个环节循环往复进行：

① 注入信息：执行人员通过多媒体文件、沙盘、消息单等多种形式向参演单位和人员展示应急演练场景，展现生产安全事故发生发展情况；

② 提出问题：在每个演练场景中，由执行人员在场景展现完毕后根据应急演练方案提出一个或多个问题，或者在场景展现过程中自动呈现应急处置任务，供应急演练参与人员根据各自角色和职责分工展开讨论；

③ 分析决策：根据执行人员提出的问题或所展现的应急决策处置任务及场景信息，参演单位和人员分组开展思考讨论，形成处置决策意见；

④ 表达结果：在组内讨论结束后，各组代表按要求提交或口头阐述本组的分析决

策结果，或者通过模拟操作与动作展示应急处置活动。

各组决策结果表达结束后，导调人员可对演练情况进行简要讲解，接着注入新的信息。

（2）实战演练执行。

按照应急演练工作方案，开始应急演练，有序推进各个场景，开展现场点评，完成各项应急演练活动，妥善处理各类突发情况，宣布结束与意外终止应急演练。实战演练执行主要按照以下步骤进行：

① 演练策划与导调组对应急演练实施全过程的指挥控制；

② 演练策划与导调组按照应急演练工作方案（脚本）向参演单位和人员发出信息指令，传递相关信息，控制演练进程，信息指令可由人工传递，也可以用对讲机、电话、手机、传真机、网络方式传送，或者通过特定声音、标志与视频呈现；

③ 演练策划与导调组按照应急演练工作方案规定程序，熟练发布控制信息，调度参演单位和人员完成各项应急演练任务，应急演练过程中，执行人员应随时掌握应急演练进展情况，并向领导小组组长报告应急演练中出现的各种问题；

④ 各参演单位和人员，根据导调信息和指令，依据应急演练工作方案规定流程，按照发生真实事件时的应急处置程序，采取相应的应急处置行动；

⑤ 参演人员按照应急演练方案要求，做出信息反馈；

⑥ 演练评估组跟踪参演单位和人员的响应情况，进行成绩评定并作好记录。

5）演练记录

演练实施过程中，安排专门人员采用文字、照片和音像手段记录演练过程。

6）中断

在应急演练实施过程中，出现特殊或意外情况，短时间内不能妥善处理或解决时，应急演练总指挥按照事先规定的程序和指令中断应急演练。

7）结束

完成各项演练内容后，参演人员进行人数清点和讲评，演练总指挥宣布演练结束。

4. 评估总结

1）评估

按照 AQ/T 9009—2015 中 7.1、7.2、7.3、7.4 要求执行。

2）总结

（1）撰写演练总结报告。

应急演练结束后，演练组织单位应根据演练记录、演练评估报告、应急预案、现场总结材料，对演练进行全面总结，并形成演练书面总结报告。报告可对应急演练准备、策划工作进行简要总结分析。参与单位也可对本单位的演练情况进行总结。演练总结报告的主要内容如下：

① 演练基本概要；

② 演练发现的问题，取得的经验和教训；

③ 应急管理工作建议。

（2）演练资料归档。

应急演练活动结束后，演练组织单位应将应急演练工作方案、应急演练书面评估报告、应急演练总结报告文字资料，以及记录演练实施过程的相关图片、视频、音频资料归档保存。

5. 持续改进

1）应急预案修订完善

根据演练评估报告中对应急预案的改进建议，按程序对预案进行修订完善。

2）应急管理工作改进

（1）应急演练结束后，演练组织单位应根据应急演练评估报告、总结报告提出的问题和建议，对应急管理工作（包括应急演练工作）进行持续改进。

（2）演练组织单位应督促相关部门和人员，制订整改计划，明确整改目标，制定整改措施，落实整改资金，并跟踪督查整改情况。

5.2.5 应急演练的实施过程

应急演练实施流程包括演练启动或导入、演练正式实施、演练结束或中止、演练后热反馈等环节。

1. 演练启动或导入

无论演练是否提前通知，都首先需要有启动或导入的形式，这个形式可能是正式的一场启动仪式，也可能是一个市民的报警电话、一则广播系统播报的预警信息，或者是一条正式渠道上传的灾情报告。

在启动或导入阶段，需要参与人员明确以下信息内容。

1）主要的工作人员

演练行动正式开展之前，要确保所有参演者、模拟者和评估者都要清楚地知道总导调官、导调员、综合保障负责人、安全官等主要的现场工作人员分别是谁，与他们进行沟通联系的方式是什么。组织方的工作人员应该有明显的标牌或服饰，将其与其他的参与方区分开来。

2）演练背景

演练实施阶段涉及的人员远远多于规划设计阶段和准备阶段涉及的人员数量，很有可能有部分参与者仅仅是在模糊地知道有什么事情发生的情况下来到演练现场的，因此有必要在启动演练时，由启动仪式上致辞的领导、演练的总导调官，或者演练主持人对演练背景、目的和结构框架进行简要的介绍。

3）必要的方法与工具

演练聚焦的核心能力对演练中要使用的方法和工具有特定要求，则需要对其进行说明。例如某次演练的目的是使总指挥部熟练掌握某种决策方法，或者熟练使用某个多层次协同平台，则在演练行动开展之前必须对其进行说明。其次演练过程中要使用的工具表单、多媒体设备、电子设备等，需要时也要一一交代清楚。

4）初始情景

初始情景是最重要的导入信息，是演练行动的起点。一般初始情景说明也意味着演练的正式开始。情景包括静态场景分布和动态的事件信息，当然初始情景可以只包含单个事件信息。情景说明可以是口头表述，但如果能结合多媒体资料向参演者进行介绍则效果会更好。

5）注意事项

注意事项一般包括演练要求、备用程序、演练中止程序等几个方面。为预防演练过程中发生真实突发事件，演练启动前需明确告知参演者演练中止的命令是什么，以免参演者混淆了演练情景与现实情景。备用程序是在演练预先设计的某一环节出现问题时，为不破坏演练节奏，保障演练继续进行而采取的替代方案。对于关键节点，组织方和参演方都应预先准备好备用程序。如启动备用程序的环节与演练目标相关，则该环节将成为演练评估的重点之一。其他的安全注意事项、演练要求等，可以简要介绍，或者通过其他方式在演练准备阶段就告知参与者。

除初始情景之外的其他信息如已提前通过演练预备会或事先制作好的各种工作手册传递给演练参与方，在演练启动阶段则简要带过即可。需注意的是，演练的启动阶段不能太长，以避免干扰演练气氛，如需告知参演者的信息过多，则必须提前召开演练预备会，以保证参演者在演练正式展开时保持着一个良好的精神状态。

2. 演练正式实施

初始场景发布之后，演练进入正式实施阶段。演练的实施既包括按计划组织实施过程，也包括临时的局部调整，该过程由总导调官（或主持人）及各导调员组成的导调小组把控，由参演者和模拟者共同完成。

对于导调小组，实施过程中的主要工作包括以下几个方面。

1）组织实施，把握演练进度

导调小组从参演者和模拟者进入演练现场开始，就要承担起组织实施的工作。只有导调小组对整个演练计划有完整的了解，因此其主要职责是推动演练按计划进行，确保每个演练目标都经过实施验证（可能是实现，也可能是未实现）。

2）提供情景信息，及时反馈参演者

从给出初始情景开始，导调小组就要依据设计好的事件体系，准备好不断地向参演者发出新的信息。这些信息是控制演练实施的主要工具，信息的内容、信息的清晰程度、信息的关联性，乃至信息的发送间隔，都会对演练进度和演练方向造成影响，导调小组必须经过必要讨论之后才能给出。

同时参演者（如指挥部）在分析处理这些情景信息时，可能需要进一步沟通获取额外信息，这种索取有可能是向导调小组索取，也可能是向模拟者索取。导调小组要判断这种信息索取是否合理，并对参演者进行给予或不给予的反馈。如是向模拟者索取，可以反馈但不在设计范围内的，导调小组要指导模拟者编写反馈信息，确保模拟者不“越俎代庖”，反馈的信息符合情景设置要求。

3）动态调整，适度引导

（1）演练不是演戏，事先准备好的情景清单和信息表只能作为主要依据，但不可避免地会出现参演者行动脱离了演练方案安排的情况，这些情况包括：

① 参演者凭其经验提前做出了某个行动，而按演练设计触发该行动的信息尚未引入；

② 参演者做出了一些出乎意料的举动，导致演练进程混乱；

③ 参演者出现影响演练进度的行为，比如指挥部对某个问题的分析讨论过于拖沓，讨论受阻甚至引发冲突；

④ 参演者对问题的分析过于肤浅，提出的解决方案过于空洞，完全不能实现演练目标；

⑤ 演练进程过快或过慢。

除上述情况之外可能还有其他多种情况，这些都需要导调小组，尤其是总导调官快速做出判断，或者对演练脚本做出局部调整，或者对信息清单做出调整，或者抛出问题引导回正确的方向上，或者中途适当提醒等。

（2）对于承担指挥部职责的参演者，演练实施过程的主要任务包括：

① 信息接收和索取。

信息接收包括从导调小组处接收情景信息，也包括从应急行动队伍处接收现场信息、态势信息等，指挥部是信息汇聚之地。类似地，信息索取既包括当导调小组提供的信息不够明朗、存在疑义的时候，向导调小组进一步索取相关信息，也包括主动向应急行动队伍提出信息需求。

② 协同会商与形势研判。

基于接收的信息，指挥部成员需进行讨论，对信息所反映出来的问题进行分析。应急响应行动往往涉及多个部门甚至多个层次的协同，充分的协同会商是形成指挥决策方案的前提。会商的形式可以是面对面的研讨，也可以是基于在线会商系统的远程会商。通过集体分析讨论，提炼出问题，对问题进行分类，对紧迫程度进行排序等操作，指挥部能够形成对当前形势的基本判断。

③ 做出应急决策。

基于情景信息、现场信息、预案信息、历史案例、专家意见等多方信息，以及上述的研判结果，指挥部做出应急响应决策，形成指挥方案、资源保障方案、工作方案等系列应急处置方案。这些方案不必拘泥于文本形式，小规模的处置方案也可以只是一系列指令。

④ 指挥与协调。

指挥部在做出决策后，应发出清晰的指令，指挥各种应急专业队伍开展响应行动，调度部署各种应急资源，提出各种信息上报需求。指挥部作为多方协同的交汇点，也负责处理、化解在应急处置过程中产生的冲突和矛盾。

⑤ 沟通与宣传。

信息公开是现代应急响应过程中必不可少的环节，在许多新修订的预案中都可以看到组织机构部分单独设立了新闻组，负责召开新闻发布会和接受媒体采访。指挥部往往也需要安排至少一名成员参与此类活动，主动与公众沟通，及时传递正确的信息。

无论是哪种形式和规模的演练，只要参演者设置了应急指挥部，指挥部便是演练实施过程中的核心，对上与导调员沟通，对下向应急专业队伍下达命令，此时导调员不宜越过指挥部直接对其他参演者下达行动指令。对于无需设置应急指挥部的演练，例如演练重点在于提升新闻发言人的应急公关能力时，则由导调员来下达一些简短的启动行动的指令即可。

对于承担应急专业救援队伍职责的参演者（如消防员、医疗队、特警、搜救队等），演练实施过程的主要任务是根据指令和自身职责开展应急响应行动，并不断反馈现场信息。参演者的总体行动节奏会受到导调组输入的动态信息控制，但其具体行动往往是不能设计的，依赖于参演者的应急知识储备和应变能力。导调组一方面要根据演练的实际情况调整预先设置好的阶段性输入信息，同时也需要对参演者的行动范围和行动水平有初步的预估，避免出现过分偏离演练目标的行动。

模拟者构成了演练情景的一部分，受导调小组指挥，一般来说需严格按照演练设计方案进行行动和提供信息。

3. 演练结束或中止

当所有演练行动实施完毕后，由总导调官正式宣布演练结束。如遇到出现真正突发事件，由总导调官宣布立即启动演练中止程序。演练中止程序必须提前制定好，确保此种情况下参加演练的应急专业队伍和应急物资装备能够迅速回到正常应战状态。参演专业队伍所在的部门也应提前做好方案，确保在真实突发事件发生时仍能履行其职责。

4. 演练后热反馈

所谓热反馈是指在演练结束后第一时间组织各方反馈和点评，在英文中称之为“Hotwash”，这是所有参与者之间相互学习的最好时机。热反馈阶段仍由导调小组主持，评估小组也需参加。此时评估报告尚未形成，因此主要形式是各方的发言，以阐述事实为主，辅以初步的反思、感想等，也可以请参演者现场填写反馈表。热反馈的主要流程包括：

（1）总导调官或主持人介绍热反馈目的、安排；

（2）简短回顾演练实施过程；

（3）参演者讨论并发言，如参演者较多则可分组讨论并选出代表发言，注意发言不宜过长，保持参演者的“热度”，同时不可出现互相指责的局面；

（4）导调小组、评估小组及到场专家对演练做出初步的评价。

这个阶段评估小组成员仍要继续做好记录工作，热反馈上各方的发言是对演练过程数据的补充，能够让评估小组更清楚参演者某些行动背后的动机，有助于其做出更准确的评价。

5.2.6 应急演练评估

应急演练结束后，进行评价与总结是全面评价演练是否达到演练目标、应急准备水平以及是否需要改进的一个重要步骤，也是演练人员进行自我评价的机会。由原国家安全生产监督管理总局提出的《生产安全事故应急演练评估规范》（AQ/T 9009—2015）将应急演练评估定义为：围绕演练目标和要求，对参演人员表现、演练活动准备及其组织实施过程作出客观评价，并编写演练评估报告的过程。

1. 演练评估总则

1）评估目的

通过评估可以发现应急预案、应急组织、应急人员、应急机制、应急保障等方面存在的问题或不足，提出改进意见或建议，并总结演练中好的做法和主要优点等。

2）评估依据

主要依据以下内容：

（1）有关法律、法规、标准及有关规定和要求；

（2）演练活动所涉及的相关应急预案和演练文件；

（3）演练单位的相关技术标准、操作规程或管理制度；

（4）相关事故应急救援典型案例资料；

（5）其他相关材料。

3）应急演练评估原则

实事求是、科学考评、依法依规、以评促改。

4）应急演练评估程序

评估准备、评估实施和评估总结。

5）应急演练评估组

（1）构成。评估组由应急管理方面专家和相关领域专业技术人员或相关方代表组成，规模较大、演练情景和参演人员较多或实施程序复杂的演练，可设多级评估，并确定总体负责人及各小组负责人。

（2）职责。负责对演练准备、组织与实施等进行全过程、全方位地跟踪评估。演练结束后，及时向演练单位或演练领导小组及其他相关专业工作组提出评估意见、建议，并撰写演练评估报告。

2. 演练评估准备

1）成立评估机构和确定评估人员

按照总则中应急演练评估组的要求，成立演练评估组和确定评估人员，评估人员应有明显标识。

2）演练评估需求分析

制定演练评估方案之前，应确定评估工作目的、内容和程序。

3）演练评估资料的收集

依据总则中评估依据的要求，收集演练评估所需要的相关资料和文件。

4）选择评估方式和方法

演练评估主要是通过对演练活动或参演人员的表现进行的观察、提问、听对方陈述、检查、比对、验证、实测而获取客观证据，比较演练实际效果与目标之间的差异，总结演练中好的做法，查找存在的问题。

演练评估应以演练目标为基础，每项演练目标都要设计合理的评估项目方法、标准。根据演练目标的不同，可以用选择项（如：是/否判断，多项选择）、评分（如：0—缺项、1—较差、3——一般、5—优秀）、定量测量（如：响应时间、被困人数、获救人数）等方法进行评估。

5）编写评估方案和评估标准

（1）编写评估方案。

内容通常包括：

① 概述：演练模拟的事故名称、发生的时间和地点、事故过程的情景描述、主要应急行动等；

② 目的：阐述演练评估的主要目的；

③ 内容：演练准备和实施情况的评估内容；

④ 信息获取：主要说明如何获取演练评估所需的各种信息；

⑤ 工作组织实施：演练评估工作的组织实施过程和具体工作安排；

⑥ 附件：演练评估所需相关表格等。

注：该部分内容引自 AQ/T 9007。

（2）制定评估标准

演练评估组召集有关方面和人员，根据演练总体目标和各参演机构的目标，以及具体演练情景事件、演练流程和保障方案，明确演练评估内容及要求。演练评估参照 AQ/T 9007 附录 A、B 事先制定好演练评估表格，包括演练目标、评估方法、评估标准和相关记录项等。

6）培训评估人员

演练评估人员应听取演练组织或策划人员介绍演练方案以及组织和实施流程，并可进行交互式讨论，进一步明晰演练流程和内容。同时，评估组内部应围绕以下内容开展内部专题培训：

（1）演练组织和实施的相关文件；

（2）演练评估方案；

（3）演练单位的应急预案和相关管理文件；

（4）熟悉演练场地，了解有关参演部门和人员的基本情况、相关演练设施，掌握相关技术处置标准和方法；

（5）其他有关内容。

7）准备评估材料、器材

根据演练需要，准备评估工作所需的相关材料、器材，主要包括演练评估方案文本、评估表格、记录表、文具、通信设备、计时设备、摄像或录音设备、计算机或相关评估软件等。

3. 演练评估实施

1）评估人员就位

根据演练评估方案安排，评估人员提前就位，做好演练评估准备工作。

2）观察记录和收集数据、信息和资料

演练开始后，演练评估人员通过观察、记录和收集演练信息和相关数据、信息和资料，观察演练实施及进展、参演人员表现等情况，及时记录演练过程中出现的问题。在不影响演练进程的情况下，评估人员可进行现场提问并做好记录。

3）演练评估

根据演练现场观察和记录，依据制定的评估表，逐项对演练内容进行评估，及时记录评估结果。

4. 演练评估总结

1）演练点评

演练结束后，可选派有关代表（演练组织人员、参演人员、评估人员或相关方人员）对演练中发现的问题及取得的成效进行现场点评。

2）参演人员自评

演练结束后，演练单位应组织各参演小组或参演人员进行自评，总结演练中的优点和不足，介绍演练收获及体会。演练评估人员应参加参演人员自评会并做好记录。

3）评估组评估

参演人员自评结束后，演练评估组负责人应组织召开专题评估工作会议，综合评估意见。评估人员应根据演练情况和演练评估记录发表建议并交换意见，分析相关信息资料，明确存在问题并提出整改要求和措施等。

4）编制演练评估报告

（1）报告编写要求。

演练现场评估工作结束后，评估组针对收集的各种信息资料，依据评估标准和相关文件资料对演练活动全过程进行科学分析和客观评价，并撰写演练评估报告，评估报告应向所有参演人员公示。

（2）报告主要内容。

内容通常包括：

① 演练基本情况：演练的组织及承办单位、演练形式、演练模拟的事故名称、发生的时间和地点、事故过程的情景描述、主要应急行动等；

② 演练评估过程：演练评估工作的组织实施过程和主要工作安排；

③ 演练情况分析：依据演练评估表格的评估结果，从演练的准备及组织实施情况、参演人员表现等方面具体分析好的做法和存在的问题以及演练目标的实现、演练成本效益分析等；

④ 改进的意见和建议：对演练评估中发现的问题提出整改的意见和建议；

⑤ 评估结论：对演练组织实施情况的综合评价，并给出优（无差错地完成了所有应急演练内容）、良（达到了预期的演练目标，差错较少）、中（存在明显缺陷，但没有影响实现预期的演练目标）、差（出现了重大错误，演练预期目标受到严重影响，演练被迫中止，造成应急行动延误或资源浪费）等评估结论。

5）整改落实

演练组织单位应根据评估报告中提出的问题和不足，制定整改计划，明确整改目标，制定整改措施，并跟踪督促整改落实，直到问题解决为止。同时，总结分析存在问题和不足的原因。

5.3 应急处置

5.3.1 应急的响应阶段

应急响应是指在突发事件发生以后所进行的各种紧急处置和救援工作。及时响应是应急管理的又一项主要原则。

应急响应是在事故险情、事故发生状态下，在对事故情况进行分析评估的基础上，有关组织或人员按照应急救援预案所采取的应急救援行动。

1. 应急响应的目的

（1）接到事故预警信息后，采取相应措施，化解事故于萌芽状态；

（2）事故发生之后，根据应急预案，采取相应措施，及时控制事故的恶化或扩大，并最终将事故控制并恢复到常态，最大限度地减少人员伤亡、财产损失和社会影响。

2. 应急响应的工作方法

1）事态分析

事态分析，即对事态进行全面考察、分析。事态分析包括两个主要内容：

（1）现状分析，即对事故险情、事故初期事态进行现状分析；

（2）趋势分析，即对险情、事故发展趋势进行预测分析。

通过对事态分析，得出事故的危险状况，为下一步采取相应的控制措施，特别是应急预案的启动提供决策依据。事态分析，是启动应急预案的必需条件。

2）预案启动

根据事态分析结果，尽快采取措施，消除险情。若险情得不到消除，则要根据事态分析结果，得出事故危险等级，根据事故危险等级，迅速启动相应等级的应急预案。

3）救援行动

预案宣布启动，即开始按照应急预案的程序和要求，有组织、有计划、有步骤、有目的地动用应急资源，迅速展开应急救援行动。

4）事态控制

通过一系列紧张有序的应急行动，事故得以消除或者控制，事态不会扩大或恶化，特别是不会发生次生事故，具备恢复常态的基本条件。

应急响应可划分为两个阶段，即初级响应和扩大应急。初级响应是在事故初期，企业应用自己的救援力量，使事故得到有效控制但如果事故的规模和性质超出本单位的应急能力，则应请求增援和扩大应急救援活动的强度，以便最终控制事故。

5.3.2 应急的恢复阶段

恢复是指突发事件的威胁和危害得到控制或者消除后所采取的处置工作。恢复工作包括短期恢复和长期恢复。

应急结束，特指应急响应的行动结束，并不意味着整个应急救援过程的结束。在宣布应急结束之后，还要经过后期处置，即应急恢复，使生产、工作、生活秩序得以恢复，预案得以完善改进，才算一次完整的应急救援行动正式结束。

1. 应急恢复情形

应急恢复，从理论上讲，一般包括短期应急恢复（如更换阀门、管线）和长期恢复（如进行厂房重建）两种情形。

在实际工作中，一般情况下，应急恢复是指短期恢复，即在事故得到彻底控制状态下，较短时间内所采取的恢复正常生产的行动，是应急结束前的收尾工作。长期恢复，一般属于应急结束后的灾后重建，特殊情况下，也可将潜在风险高的恢复性行动一直作为应急恢复工作进行到应急救援结束。

2. 应急恢复的目的

应急恢复的目的，就是在事态得以控制之后，尽快让生产、工作生活等恢复到常态，从根本上消除事故隐患，避免事态向事故状态恶化；二是通过常态的迅速恢复，减少事故损失，弱化不良影响。

3. 应急恢复的工作方法

1）清理现场

对事故现场进行清理，就是将事故现场的物品，该回收的回收，该作垃圾清除的进行垃圾外运，该化学洗消的进行化学洗消，最后达到现场物品分类处置、环保达标、干净卫生的要求。

2）常态恢复

配合各方力量，使生产、生活、工作秩序恢复到常态。

习题及思考题

1. 应急预案的编制和实施对安全生产工作有什么意义？
2. 应急预案分为哪几类？
3. 应急演练的工作原则和任务要求是什么？
4. 应急演练的实施包括哪几步？
5. 简述应急响应的目的和工作方法。

事故调查分析及处理

6.1 事故调查

6.1.1 事故调查的原则

事故调查处理应当坚持实事求是、尊重科学的原则，及时、准确地查清事故经过、事故原因和事故损失，查明事故性质，认定事故责任，总结事故教训，提出整改措施，并对事故责任者依法追究责任。

6.1.2 事故调查的要求

（1）县级以上人民政府应当严格履行职责，及时、准确地完成事故调查处理工作。

（2）事故发生地有关地方人民政府应当支持、配合上级人民政府或者有关部门的事故调查处理工作，并提供必要的便利条件。

（3）参加事故调查处理的部门和单位应当互相配合，提高事故调查处理工作的效率。

6.1.3 事故调查组人员构成要求

根据《生产安全事故报告和调查处理条例》（国务院令第 493 号，2007 年 6 月 1 日起施行）的规定，事故负责组织调查的机关如表 6.1 所示。

表 6.1　事故负责组织调查的机关

事故等级	组织事故调查机关
特别重大事故	国务院或者国务院授权有关部门组织事故调查组

续表

事故等级	组织事故调查机关
重大事故	事故发生地省级人民政府负责调查
较大事故	事故发生地设区的市级人民政府负责调查
一般事故	事故发生地县级人民政府负责调查
未造成人员伤亡的一般事故	县级人民政府也可以委托事故发生单位组织事故调查组

另外，还有一些特别规定如下：

（1）上级人民政府认为必要时，可以调查由下级人民政府负责调查的事故。

（2）自事故发生之日起30日内（道路交通事故、火灾事故自发生之日起7日内），因事故伤亡人数变化导致事故等级发生变化，依照本条例规定应当由上级人民政府负责调查的，上级人民政府可以另行组织事故调查组进行调查。

（3）特别重大事故以下等级事故，事故发生地与事故发生单位不在同一个县级以上行政区域的，由事故发生地人民政府负责调查，事故发生单位所在地人民政府应当派人参加。

6.1.4 事故调查的工作程序

对于死亡事故、重伤事故，应按如下要求进行调查：

（1）事故的现场处理；

（2）物证搜集；

（3）事故事实材料的搜集；

（4）证人材料搜集；

（5）要尽快向被调查者搜集材料，对证人的口述材料，应认真考证其真实程度；

（6）现场摄影；

（7）事故图绘制。

6.1.5 事故上报时限要求

（1）安全生产监督管理部门和负有安全生产监督管理职责的有关部门逐级上报事故情况，每级上报的时间不得超过2h。

（2）自事故发生之日起30日内，事故造成的伤亡人数发生变化的，应当及时补报；道路交通事故、火灾事故自发生之日起7日内，事故造成的伤亡人数发生变化的，应当及时补报。

6.2 事故分析

6.2.1 事故原因分析

1. 事故发生的直接原因

1）机械、物质或环境的不安全状态

（1）防护、保险、信号等装置缺乏或有缺陷；

（2）设备、设施、工具、附件有缺陷；

（3）个人防护用品用具缺少或有缺陷；

（4）生产（施工）场地环境不良。

2）人的不安全行为

（1）操作错误，忽视安全警告；

（2）造成安全装置失效；

（3）使用不安全设备；

（4）以手代替工具操作；

（5）物体存放不当；

（6）冒险进入危险场所；

（7）攀坐不安全位置；

（8）起吊物下作业、停留；

（9）运转时操作机器；

（10）有分散注意力行为；

（11）使用个人防护用品不当；

（12）着不安全装束；

（13）处理易燃、易爆物品错误。

2. 事故发生的间接原因

（1）技术和设计上有缺陷——工业构件、建筑物、机械设备、仪器仪表、工艺过程、操作方法、维修检验等的设计、施工和材料使用存在问题；

（2）教育培训不够，未经培训，缺乏或不懂安全操作技术知识；

（3）劳动组织不合理；

（4）对现场工作缺乏检查或指导错误；

（5）没有安全操作规程或不健全；

（6）没有或不认真实施事故防范措施，对事故隐患整改不力；

（7）其他。

6.2.2　事故责任分析

1. 生产安全事故认定

1）生产经营单位和生产经营活动的认定

生产经营单位，是指从事生产活动或者经营活动的基本单元，既包括企业法人，也包括不具有企业法人资格的经营单位、个人合伙组织、个体工商户和自然人等其他生产经营主体；既包括合法的基本单元，也包括非法的基本单元。

生产经营活动，既包括合法的生产经营活动，也包括违法违规的生产经营活动。综上，生产经营单位在生产经营活动中发生的造成人身伤亡或者直接经济损失的事故，属于生产安全事故。

国家机关、事业单位、人民团体发生的事故的报告和调查处理，参照《生产安全事故报告和调查处理条例》的规定执行。

2）关于非法生产经营造成事故的认定

（1）无证照或者证照不全的生产经营单位擅自从事生产经营活动，发生造成人身伤亡或者直接经济损失的事故，属于生产安全事故。

（2）个人私自从事生产经营活动（包括小作坊、小窝点、小坑口等），发生造成人身伤亡或者直接经济损失的事故，属于生产安全事故。

（3）个人非法进入已经关闭、废弃的矿井进行采挖或者盗窃设备设施过程中发生造成人身伤亡或者直接经济损失的事故，应按生产安全事故进行报告。其中由公安机关作为刑事或者治安管理案件处理的，侦查结案后须有同级公安机关出具相关证明，可从生产安全事故中剔除。

3）关于自然灾害引发事故的认定

（1）由不能预见或者不能抗拒的自然灾害（包括洪水、泥石流、雷击、地震、雪崩、台风、海啸和龙卷风等）直接造成的事故，属于自然灾害。

（2）在能够预见或者能够防范可能发生的自然灾害的情况下，因生产经营单位防范措施不落实、应急救援预案或者防范救援措施不力，由自然灾害引发造成人身伤亡或者直接经济损失的事故，属于生产安全事故。

4）关于公安机关立案侦查事故的认定

事故发生后，公安机关依照刑法和刑事诉讼法的规定，对事故发生单位及其相关人员立案侦查的，其中：在结案后认定事故性质属于刑事案件或者治安管理案件的，应由公安机关出具证明，按照公共安全事件处理；在结案后认定不属于刑事案件或者治安管理案件的，包括因事故，相关单位、人员涉嫌构成犯罪或者治安管理违法行为，给予立案侦查或者给予治安管理处罚的，均属于生产安全事故。

5）关于救援人员在事故救援中造成人身伤亡事故的认定

专业救护队救援人员、生产经营单位所属非专业救援人员或者其他公民参加事故抢险救灾造成人身伤亡的事故，属于生产安全事故。

6）事故处理中的责任认定

（1）不立即组织抢救。发生事故以后，认为问题不大，不组织抢救。或在事故抢救中，不严谨，不严密，盲目指挥，造成事故扩大的。

（2）在事故调查期间，擅离职守。在工作中有意见，装病在家，不配合事故调查。或虽然发生了事故，但还有其他重要工作要处理，于是就让他人去处理事故，自己处理其他事情，结果造成自己的职责履行不到位的情形。

7）瞒报、谎报、迟报、漏报的认定

《〈生产安全事故报告和调查处理条例〉罚款处罚暂行规定》对瞒报、谎报、迟报、漏报的情形进行了认定：

（1）报告事故的时间超过规定时限的，属于迟报；

（2）因过失对应当上报的事故或者事故发生的时间、地点、类别、伤亡人数、直接经济损失等内容遗漏未报的，属于漏报；

（3）故意不如实报告事故发生的时间、地点、初步原因、性质、伤亡人数和涉险人数、直接经济损失等有关内容的，属于谎报；

（4）隐瞒已经发生的事故，超过规定时限未向安全监管监察部门和有关部门报告，经查证属实的，属于瞒报。

故意瞒报有关事故，经有关部门查证属实的属于瞒报。对事故瞒报的界定有下面两种情况：

一是生产经营活动中的事故超过 30 天，或道路交通事故、火灾事故超过 7 天，再报告的事故，都被认定为瞒报。

二是超过事故报告时限，经有关部门举报后查实的，也被认定为瞒报。

8）其他违法行为的认定

（1）伪造或者故意破坏事故现场。

（2）转移、隐匿资金、财产，或者销毁有关证据、资料。《生产安全事故报告和调查处理条例》第十六条明确规定，有关单位和人员应当妥善保护事故现场及相关证据，任何单位和个人不得破坏事故现场、毁灭相关证据。

（3）拒绝接受调查或者拒绝提供有关情况和资料。《生产安全事故报告和调查处理条例》第二十六条第一款和第二款对此作了明确规定："事故调查组有权向有关单位和个人了解与事故有关的情况，并要求其提供相关文件、资料，有关单位和个人不得拒绝。事故发生单位的负责人和有关人员在事故调查期间不得擅离职守，并应当随时接受事故调查组的询问，如实提供有关情况。"事故发生单位主要负责人和其他有关人员不履行上述配合义务的均属于拒绝接受调查或者拒绝提供有关情况和资料的行为。

（4）在事故调查中作伪证或者指使他人作伪证。事故发生单位及其有关部门人员为了开脱责任，故意作伪证或者指使他人作伪证，严重干扰、阻碍事故调查的正常开展，甚至使事故调查误入歧途的行为均属在事故调查中作伪证或者指使他人作伪证的行为。

（5）事故发生后逃匿，即事故发生单位的主要负责人、直接负责的主管人员和其他直接责任人为了逃避行政处罚甚至刑事追究，事故发生后逃匿的行为。《生产安全事故报告和调查处理条例》第十七条规定：犯罪嫌疑人逃匿的，公安机关应当迅速追捕归案。

2. 生产安全事故责任划分

安全生产事故的原因分析：分析安全生产事故时，首先从直接原因入手，逐步深入到间接原因，从而掌握事故的全部原因。然后分清主次，进行性质认定和责任划分。

1）事故性质分类

（1）非责任事故主要包括自然灾害事故和因人们对某种事物的规律性尚未认识、目前的科学技术水平尚无法预防和避免的事故等。

（2）责任事故是指人们在进行有目的的活动中，由于人为的因素，如违章操作、违章指挥、违反劳动纪律、管理缺陷、生产作业条件恶劣、设计缺陷、设备保养不良等原因造成的事故。此类事故是可以预防的。

2）事故责任划分

（1）直接责任者：指其行为与事故的发生有直接关系的人员。

（2）主要责任者：指对事故的发生起主要作用的人员。

（3）领导责任者：指对事故的发生负有领导责任的人员。

3）事故责任认定

（1）有下列情况之一时，应由肇事者或有关人员负直接责任或主要责任：

① 违章指挥、违章作业或冒险作业造成事故的；

② 违反安全生产责任制和操作规程，造成事故的；

③ 违反劳动纪律，擅自开动机械设备或擅自更改、拆除、毁坏、挪用安全装置和设备，造成事故的。

（2）有下列情况之一时，有关领导应负领导责任：

① 由于安全生产规章、责任制度和操作规程不健全，职工无章可循，造成事故的；

② 未按规定对职工进行安全教育和技术培训，或职工未经考试合格上岗操作造成事故的；

③ 机械设备超过检修期限或超负荷运行，设备有缺陷又不采取措施，造成事故的；

④ 作业环境不安全，又未采取措施，造成事故的；

⑤ 新建、改建、扩建工程项目，安全卫生设施不与主体工程同时设计、同时施工、同时投入生产和使用，造成事故的。

3. 事故责任

1）经济责任

罚款是行政处罚的一种。受处罚对象一是事故发生的生产经营单位的主要负责人，即指有限责任公司、股份有限公司的董事长或者总经理或者个人经营的投资人，其他生产经营单位的厂长、经理、局长、矿长（含实际控制人、投资人）等人员。二是发生生产安全事故的经营单位。

2）行政责任

（1）行政处分。事故发生单位的主要负责人、直接负责的主管人员和其他直接责任人员属于国家工作人员，除对其进行罚款的行政处罚外，还应当依照有关法律、行政法规规定的处罚种类及程序对其进行处分，如警告、记过、记大过、降级、撤职、开除等。

（2）受行政处分，有处分期限的规定：①警告，6个月；②记过，12个月；③记大过，18个月；④降级、撤职，24个月。

（3）吊扣、暂扣事故单位有关证照；勒令停产整顿，甚至可以提请人民政府予以关闭。

（4）吊销事故相关人员有关执业资格和岗位证书，5年内不得担任所有生产经营单位的负责人等。

（5）对违反规定的有关人员给予的行政处分，包括对事故调查组成员，存在对事故调查有重大疏漏，或借机打击报复等；对各级人民政府或工作部门履行国家机关工作人员职责中，有失职、工作疏漏、重大失误的依据有关规定给予行政处分，包括生产经营单位、国家机关工作人员和事故调查组的有关人员。

3）治安处罚

《中华人民共和国治安管理处罚法》第六十条规定了伪造、隐匿、毁灭证据或者提供虚假证言、谎报案情，影响行政执法机关依法办案的行为可以构成违反治安管理的行为。本条规定的四种违法行为中，伪造或者破坏事故现场可能构成提供伪造或者毁灭证据的行为，作伪证或者指使他人作伪证可能构成提供虚假证言的行为，销毁证据、材料属于毁灭证据的行为。根据《中华人民共和国治安管理处罚法》第六十条的规定，构成违反治安管理行为的处五日以上十日以下拘留。

4）刑事责任

刑事责任是国家刑事法律规定犯罪行为所应承担的法律后果，我国《刑法》第一百三十五条规定了重大劳动安全事故罪。《安全生产法》也对在生产安全中的违法犯罪行为进行了相应的规定。其中主要涉及危害公共安全罪中的重大事故罪、渎职罪。在《刑法》第一百三十一条至第一百三十九条和第一百四十三条，以及《刑法修正案（六）》做了明确规定。对因投资人安全投入不足，管理人员不履行安全生产职责，违章作业、违章指挥等行为予以明确。

《生产安全事故报告和调查处理条例》规定，公安机关根据事故情况，当时发现有涉嫌犯罪的，可以立即立案进行侦查。或者事故调查组在事故调查完后，发现有涉嫌犯罪的行为，也可以要求公安机关立案调查。按照2007年6月1日起施行的《生产安全事故报告和调查处理条例》及2013年1月1日起施行的《监察机关参加生产安全事故调查处理的规定》，如果事故调查组作出了对有关人员涉嫌犯罪要求立案进行侦查的，公安机关必须立案进行侦查，不能立案的，必须向原调查机关说明原因，其中包括其调查的结果，也包括检察机关、法院判决的结果和作出不予判决的决定，都要向原事故调查机关进行通报和说明。《生产安全事故报告和调查处理条例》还规定，犯罪嫌疑人逃逸的，由公安机关负责抓捕归案。

5）事故处理中加重处罚的几种行为

（1）不立即组织抢险的；

（2）迟报漏报、谎报及漏报事故的；

（3）在事故调查中擅离职守的；

（4）伪造或故意破坏现场的；

（5）转移、隐匿资产、财产或者销毁有关证据资料的；

（6）拒绝接受调查或者提供有关情况资料的；

（7）在事故调查中作伪证，或者指使他人作伪证；

（8）发生事故后逃逸的。

有上述情况之一的要加重处罚。

4. 事故处理中加重处罚和依法从重处罚

1）事故处理中加重处罚的几种行为

（1）不立即组织抢险的；

（2）迟报或漏报事故的；

（3）在事故调查中擅离职守的；

（4）伪造或故意破坏现场的；

（5）转移、隐匿资产、财产或者销毁有关证据资料的；

（6）拒绝接受调查或者提供有关情况资料的；

（7）转移、隐匿资产、财产或者销毁有关证据资料的；

（8）在事故调查中作伪证，或者指使他人作伪证；

（9）发生事故后逃逸的。

有上述情况之一的要加重处罚。

2）事故处理中依法从重处罚的几种情形

最高人民法院印发《关于进一步加强危害生产安全刑事案件审判工作的意见》的通知（法发〔2011〕20号）规定，相关犯罪中，具有以下情形之一的，依法从重处罚：

（1）国家工作人员违反规定投资入股生产经营企业，构成危害生产安全犯罪的；

（2）贪污贿赂行为与事故发生存在关联性的；

（3）国家工作人员的职务犯罪与事故存在直接因果关系的；

（4）以行贿方式逃避安全生产监督管理，或者非法、违法生产、作业的；

（5）生产安全事故发生后，负有报告职责的国家工作人员不报或者谎报事故情况，贻误事故抢救，尚未构成不报、谎报安全事故罪的；

（6）事故发生后，采取转移、藏匿、毁灭遇难人员尸体，或者毁灭、伪造、隐藏影响事故调查的证据，或者转移财产，逃避责任的；

（7）曾因安全生产设施或者安全生产条件不符合国家规定，被监督管理部门处罚或责令改正，一年内再次违规生产致使发生重大生产安全事故的。

最高人民法院要求各级人民法院依照最高人民法院 2011 年 12 月 30 日《关于进一步加强危害生产安全刑事案件审判工作的意见》的规定，正确适用刑罚，确保裁判法律效果和社会效果相统一。

（1）依法从严惩处危害生产安全犯罪，对重大、敏感的危害生产安全刑事案件，可按刑事诉讼法的规定实行提级管辖。

（2）对“打非治违”活动中发现的非法、违法重特大事故案件，及事故背后的失职渎职及权钱交易、徇私枉法、包庇纵容等腐败行为，要坚决依法从严惩处。

（3）造成重大伤亡事故或者其他严重后果，同时具有非法、违法生产，发现安全隐患不排除，无基本劳动安全保障，事故发生后不积极抢救人员等情形，可以认定为“情节特别恶劣”，坚决依法按照“情节特别恶劣”法定幅度量刑。

（4）强令他人违章冒险作业行为，发生重大伤亡事故或者造成其他严重后果，要依法按强令违章冒险作业罪定罪处罚。

（5）贪污贿赂行为与事故发生有关联性，职务犯罪与事故发生有直接因果关系，以行贿方式逃避安全生产监督管理，事故发生后负有报告责任的国家工作人员不报或者谎报，要坚决依法从重处罚。

具有上述情形的案件和数罪并罚案件，原则上不适用缓刑。对服刑人员的减刑、假释，应当从严掌握。

5. 重大伤亡事故或者其他严重后果、情节特别恶劣、情节严重和情节特别严重的界定

1）重大伤亡事故或者其他严重后果

发生矿山生产安全事故，具有下列情形之一的，应当认定为《刑法》第一百三十四条、第一百三十五条规定的“重大伤亡事故或者其他严重后果”：

（1）造成死亡一人以上，或者重伤三人以上的；

（2）造成直接经济损失一百万元以上的；

（3）造成其他严重后果的情形。

2）情节特别恶劣

“重大伤亡事故或者其他严重后果”，同时具有下列情形之一的，也可以认定为《刑法》第一百三十四条、第一百三十五条规定的“情节特别恶劣”：

（1）非法、违法生产的；

（2）无基本劳动安全设施或未向生产、作业人员提供必要的劳动防护用品，生产、作业人员劳动安全无保障的；

（3）曾因安全生产设施或者安全生产条件不符合国家规定，被监督管理部门处罚或责令改正，一年内再次违规生产致使发生重大生产安全事故的；

（4）关闭、故意破坏必要安全警示设备的；

（5）已发现事故隐患，未采取有效措施，导致发生重大事故的；

（6）事故发生后不积极抢救人员，或者毁灭、伪造、隐藏影响事故调查的证据，或者转移财产逃避责任的；

（7）其他特别恶劣的情节。

具有下列情形之一的，应当认定为《刑法》第一百三十四条、第一百三十五条规定的“情节特别恶劣”：

（1）造成死亡三人以上，或者重伤十人以上的；

（2）造成直接经济损失三百万元以上的；

（3）其他特别恶劣的情节。

3）情节严重

（1）在矿山生产安全事故发生后，负有报告职责的人员不报或者谎报事故情况，延误事故抢救，具有下列情形之一的，应当认定为《刑法》第一百三十九条规定的“情节严重”：导致事故后果扩大，增加死亡一人以上，或者增加重伤三人以上，或者增加直接经济损失一百万元以上的。

（2）实施下列行为之一，致使不能及时有效开展事故抢救的；

① 决定不报、谎报事故情况或者指使、串通有关人员不报、谎报事故情况；

② 在事故抢救期间擅离职守或者逃匿的；

③ 伪造、破坏事故现场，或者转移、藏匿、毁灭遇难人员尸体，或者转移、藏匿受伤人员的；

④ 毁灭、伪造、隐匿与事故有关的图纸、记录、计算机数据等资料以及其他证据的；

（3）其他严重的情节。

4）情节特别严重

具有下列情形之一的，应当认定为《刑法》第一百三十九条规定的“情节特别严重”：

（1）导致事故后果扩大，增加死亡三人以上，或者增加重伤十人以上，或者增加直接经济损失三百万元以上的；

（2）采用暴力、胁迫、命令等方式阻止他人报告事故情况导致事故后果扩大的；

（3）其他特别严重的情节。

6. 依法从宽处罚的情形

对于事故发生后，积极施救，努力挽回事故损失，有效避免损失扩大，积极配合调查，赔偿受害人损失的，可依法从宽处罚。

6.3 事故报告及事故处理

6.3.1 事故报告的内容

1. 事故发生单位概况

事故发生单位概况应当包括单位的全称、所处地理位置、所有制形式和隶属关系、生产经营范围和规模、持有各类证照的情况、单位负责人的基本情况以及近期的生产经营状况等。

2. 事故发生的时间、地点以及事故现场情况

报告事故发生的时间应当具体，并尽量精确到分钟。报告事故发生的地点要准确，除事故发生的中心地点外，还应当报告事故所波及的区域。报告事故现场总体情况、现场的人员伤亡情况、设备设施的毁损情况以及事故发生前的现场情况。

3. 事故的简要经过

事故的简要经过是对事故全过程的简要叙述。描述要前后衔接、脉络清晰、因果相连。

4. 人员伤亡和经济损失情况

对于人员伤亡情况的报告，应当遵守实事求是的原则，不作无根据的猜测，更不能隐瞒实际伤亡人数。对直接经济损失的初步估算，主要指事故所导致的建筑物的毁损、生产设备设施和仪器仪表的损坏等。由于人员伤亡情况和经济损失情况直接影响事故等级的划分，并因此决定事故的调查处理等后续重大问题，在报告这方面情况时应当谨慎细致，力求准确。

5. 已经采取的措施

已经采取的措施主要是指事故现场有关人员、事故单位负责人、已经接到事故报告的安全生产管理部门为减少损失、防止事故扩大和便于事故调查所采取的应急救援和现场保护等具体措施。

6.3.2 事故报告的编制要求

根据《生产安全事故报告和调查处理条例》（国务院令第493号，2007年6月1日起施行）的规定，事故报告按照下面的要求进行：

（1）事故报告应当及时、准确、完整，任何单位和个人对事故不得漏报、迟报、谎报或者瞒报。

（2）事故发生后，事故现场有关人员应当立即向本单位负责人报告。

（3）单位负责人接到报告后，应当于1h内向事故发生地县级以上人民政府安全生产监督管理部门和负有安全生产监督管理职责的有关部门报告。

（4）情况紧急时，事故现场有关人员可以直接向事故发生地县级以上人民政府安全生产监督管理部门和负有安全生产监督管理职责的有关部门报告。

（5）安全生产监督管理部门和负有安全生产监督管理职责的有关部门接到事故报告后，应当依照表6.2规定上报事故情况，并通知公安机关、劳动保障行政部门、工会和人民检察院。

表6.2　事故上报程序

事故等级	逐级上报至部门	备注
特别重大事故	逐级上报至国务院安全生产监督管理部门和负有安全生产监督管理职责的有关部门	上报国务院
重大事故		
较大事故	逐级上报至省、自治区、直辖市人民政府安全生产监督管理部门和负有安全生产监督管理职责的有关部门	
一般事故	上报至设区的市级人民政府安全生产监督管理部门和负有安全生产监督管理职责的有关部门	

（6）安全生产监督管理部门和负有安全生产监督管理职责的有关部门依照前款规定上报事故情况，应当同时报告本级人民政府。

（7）国务院安全生产监督管理部门和负有安全生产监督管理职责的有关部门以及省级人民政府接到发生特别重大事故、重大事故的报告后，应当立即报告国务院。

（8）必要时，安全生产监督管理部门和负有安全生产监督管理职责的有关部门可以越级上报事故情况。

（9）安全生产监督管理部门和负有安全生产监督管理职责的有关部门逐级上报事故情况，每级上报的时间不得超过2h。

（10）自事故发生之日起30日内，事故造成的伤亡人数发生变化的，应当及时补报。道路交通事故、火灾事故自发生之日起7日内，事故造成的伤亡人数发生变化的，应当及时补报。

6.3.3　事故防范和整改措施及防范监督落实

防范和整改措施是指避免同种事故重演的措施和预防类似事故发生的措施，也称为纠正和预防措施。

防范和整改措施是为了消除造成事故的原因。由于直接原因是间接原因引起的，所以，防范和整改措施特别要针对间接原因。

防范和整改措施要覆盖所有已确定的事故原因，不要有遗漏。

习题及思考题

1. 事故调查的基本原则包括哪些？
2. 简述事故调查基本程序。
3. 什么是事故的直接原因及间接原因？
4. 简述事故报告的内容。
5. 简述事故报告的编制要求。

典型安全生产事故案例

7.1 安全生产事故案例分析

案例1 安全生产管控

1. 情景描述

贵阳某公司是国家民用爆破器材定点专业生产企业，2002 年由贵州某公司（上市公司）控股出资 51%，贵阳市工业投资控股有限责任公司出资 49%，注册资本为 7300 万元人民币，在原贵阳化工厂基础上依法改制成立具有独立法人地位的有限责任公司。公司在职员工 650 人，年炸药生产能力 36000t，具有年产 12000t 膨化硝铵炸药生产线及年产 10000t 乳化炸药、年产 14000t 乳化炸药生产线各一条，年销售收入 2.5 亿元，利润总额 3800 万元。

2. 安全生产管控现状

（1）目前公司在安全生产风险管控方面仍然实行严格的安全许可和生产许可，公司所有炸药生产线的产能许可和安全生产现状许可都是通过工信部安全生产司按照相关程序严格的审查批准。

（2）所有炸药生产线定期接受工信部安全生产司委托的安全评价机构进行生产线现状安全性评价、生产线安全性验收评价、生产线技术改造安全性专项评价、新建生产线建设的安全性预评价。

（3）公司主要负责人及从事安全管理的相关人员都严格按照工信部安全生产司的要求通过了行业安全知识的相关培训后持证上岗。工程技术人员的比例达到了行业要求不少于在岗人员的 15%。

（4）每条炸药生产线按照行业批准的生产许可核定的生产能力组织生产，在生产过程中禁止“四超”（超员、超量、超时、超产）。生产线实现了远程视频监控及数据采集上传。公司制定了危险工（库）房操作岗位的定员、定量审批和监督检查制度。生产工房作业人员人数控制在行业规定的范围内。

（5）公司设置了专门的安全管理部门及分管安全生产的领导，并配备了与公司生产规模相适应的专职安全生产管理人员。

（6）按照安全生产责任制要求分解落实了各级人员的安全生产责任。在安全生产管理中实行安全生产目标管理。每年初公司将安全生产目标逐一分解落实到相关的责任部门及人员，实现了安全生产目标分解横向到边、纵向到底。

（7）公司有健全的安全生产管理制度和操作规程，能有效指导安全生产。

（8）公司在安全生产投入方面建立了严格的制度规定，每年按照销售收入的一定比例计提相应的安全生产资金并对安全生产资金的使用作出了严格的使用规定。

（9）建立了安全生产事故应急预案及重大危险源管理制度。通过采取以上管理措施，公司安全管理实现了安全生产无重大财产损失事故、无重大人身伤亡事故、生产线无爆炸火灾事故。

3. 安全生产面临的风险分析

（1）面临受法律、法规、规章处罚的风险。公司生产经营行为必须自始至终守住“依法经营、遵章守纪”这根红线，否则，一旦出现重大安全事故，公司及相关责任人员将受到法律责任的追究和行业主管部门严格的处罚。

（2）生产线本质安全程度低的风险。公司目前现有的三条炸药生产线与国际先进水平相比不同程度地受到工艺技术水平低、技术装备落后、自动化水平低、生产线在线人员多的影响，存在生产线本质安全程度低的风险。

（3）外部安全距离不满足 GB 50089《民用爆炸物品工程设计安全标准》要求的风险。随着贵州城镇化建设的快速推进及城市建设速度的加快，新增基础设施进入到公司炸药生产线外部安全距离以内，已形成了新的外部安全距离隐患。生产线一旦发生安全事故，将会带来财产损失的增大和人员伤亡的增多。

（4）从业人员素质低、管理难度大的风险。公司生产线大部分操作人员属于劳务派遣工，这部分从业人员虽经过上岗前的相关培训，但受文化水平偏低、综合素质低下的影响，生产作业过程中员工存侥幸心理、凭经验办事、不遵守安全操作规程、安全管理制度、相关产品工艺规程的要求，“三违”（违章作业、违章指挥、违反劳动纪律）时有发生，造成管理难度增大，也给公司的安全生产管理提出了严峻的挑战。

（5）安全生产风险管理意识不强、执行能力差的风险。公司各生产线存在管理水平、人员素质参差不齐，全面落实行业相关安全管理规定不到位、不落实，存在有章不循、有令不止、对公司下达的各项安全管理规定执行不力，对作业人员的安全培训不到位、走形式。这是公司在安全管理上存在的薄弱环节。

（6）安全生产重结果考核、轻过程管理的风险。公司在安全管理中，每年初对各单位下达了安全生产考核指标，年末进行考核，考核结果与员工收入挂钩。这种安全目标责任考核方式在一定程度上对安全生产管理起到了积极的推动作用，但仍然属于事后考核，并未真正达到安全风险防范的关口前移的作用。

（7）安全管理以集中整治为主，缺乏系统的风险性防范的风险。在长期的安全管理实践中，事故“四不放过”的原则深入人心。这种安全管理方式是典型突出的即时性、对策性，缺乏的是系统性、前瞻性、战略性，归根到底还是缺乏针对公司安全管理现状的研究及炸药生产线面临的风险采取的系统的风险管控方法。

案例2　安全生产标准化体系创建与实践

1. 情景描述

某矿业公司成立于1961年，连续四届被评为全国冶金矿山“十佳厂矿”，2003年通过了质量管理体系认证；2006年通过了职业健康安全管理体系认证；2009年通过了环境管理体系认证；2010年通过了综合管理体系认证。在列入首批矿山安全质量标准化试点企业的基础上，2010年公司积极组织开展地下矿山/尾矿库安全标准化达标创建，并通过了二级企业达标评审；为持续改进企业安全管理绩效，2012年按照国家新修订的标准，组织开展地下矿山/尾矿库安全标准化一级企业达标创建，并于2013年1月份通过了由中国安全生产协会组织的第三方评审。

2. 安全生产标准化体系创建的设想

（1）安全生产标准化体系创建过程中的体会。在安全生产标准化体系的创建与运行过程中，企业的安全文化氛围、部门之间工作协同、员工的法规意识和综合安全素质得到了进一步的提升；现场作业环境得到了较大的改善；地下开采的本质安全度得到了较大的提升，安全管理工作更加系统化、规范化和科学化。

（2）体系运行过程中存在的问题和改进。

① 在矿山安全生产标准化体系运行过程中，为了防范系统性风险，公司将继续加大先进、适用性新技术和新装备的投入，进一步提升矿山的本质安全；

② 进一步强化矿山安全生产标准化内部审核员的培训，培养一批具有专业知识和安全生产标准化审核技能相结合的审核队伍，定期组织开展内部审核，确保安全标准化体系的有效运行。

3. 标准化体系创建过程

（1）实施关键任务的分级管理和许可制度。公司对识别出的400多项危险性较大的关键任务，按照公司、厂、车间，实施分级管理，明确负责人。当执行某关键任务时，相关层级的负责人必须到达现场进行协调、监管。此外，针对厂级以上的关键任务要求必须执行“关键任务许可审批制度”。

（2）严格执行关键任务观察制度。通过“关键任务观察员”对作业人员执行过程的行为观察，找出作业人员在执行过程中的偏差，予以及时指正。观察员必须是各单位的领导干部、专业技术人员或安全管理人员。抓好观察员的培训工作，使“观察员”能掌握各作业的基本内容、作业程序、作业过程中可能存在的危险源及防范措施，以及在紧急情况下的现场应急处置措施。

（3）实施关键任务计算机信息管理。为更好落实关键任务负责人制度，该公司利用生产数据计算机管控平台，将识别出的厂级以上危险性较大的相关信息输入计算机，实施计算机信息化管理。当执行危险性较大的关键任务时，调度指挥中心在下达任务的同时，通过计算机生产数据管控平台，将执行关键任务的单位、时间、地点、内容及可能存在的风险等信息，及时地发送到各相关人员和负责人，实施信息提醒，确保相关人员的及时到场。

案例3　安全生产教育培训

1. 情景描述

某生产经营单位从事汽车板材和制动总成等产品的生产制造和配套工作，企业厂级党政领导班子成员7人，科研生产总指挥、总工程师、总会计师等系统5人。厂部有办公室、党务人员办公室、宣教科、计划科、技术科、生产调度科、营销课、行政科等8个科室。有1个产品开发研究所、7个生产性车间、1个动力车间、1个后勤食堂。

冲压车间：配置有36台吨位不等的冲压机床，主要进行汽车制动总成等产品的冲压生产工作。车间配有2台地面操作的3T行吊、1台3T轮式叉车、1台运输材料和工件的场内机动车辆，配有行吊车操作员4人，叉车驾驶操作员和厂内机动车辆驾驶员2人。

钣金车间：配置有钣金数控冲床、板剪机、折弯机等机械26台。承担汽车制造板材的加工生产制造等工作。车间配有1台3T轮式叉车、1台运输材料和工件的场内机动车辆、配有叉车驾驶操作员和厂内机动车辆驾驶员2人。

铸造车间：配置有铸铁、铸铝、压铸机等设施和机械，承担工厂产品的铸造生产工作。车间配有2台地面操作的3T行吊、1台运输材料和铸件的场内机动车辆，配有行吊车操作员和厂内机动车辆驾驶员2人。

焊接车间：配置有二氧化碳保护焊、电焊机等20台套，承担工厂产品的焊接生产工作。车间配有1台3T轮式叉车、1台运输材料和工件的场内机动车辆、配有叉车驾驶操作员和厂内机动车辆驾驶员2人。

机械加工车间：配置有数控机床、普通机床等60余台，承担产品和工件的机械加工生产任务。车间配有1台运输材料和工件的场内机动车辆、配有厂内机动车辆驾驶员2人。

电镀车间：设置1个金属电镀工房、1个电泳工房，承担产品的表面电镀防护和电泳漆防护等工作。设置与生产配套的空气压缩机1台、烘干箱2台。

装配车间：负责汽车制动产品的总装、调试、装箱。

动力车间：负责全厂生产经营和生活用的水、暖、电的动力保障工作。

后勤食堂：主要负责员工的用餐管理和服务。

企业有员工720余名，其中安全生产监督管理人员5人。企业针对自身生产经营活动实际特点，根据安全生产法律和标准，落实了安全生产主体责任管理，建立、健全了各层面的安全生产责任制度、规章制度和操作规程及应急预案，有效开展和实施了各层面的安全生产教育培训工作。

2. 案例说明

本案例包含或涉及下列内容：

（1）企业内外部安全生产教育培训的分类与涉及范围（企业负责人、安全生产管理人员、特种作业“电工、厂内机动车、焊工、锅炉、吊车工”等人员、总师系统、中层干部、管理人员、技术人员、有害作业人员、机械加工人员、餐饮人员等）及接受何类培训。

（2）特种作业和有害作业人员及事故应急培训、生产安全告知和管理。

（3）教育培训的内外部计划（第一次系统性培训和每年再培训率为100%）的编制与实施（具备资质的专门机构、企业教育部门）、档案管理（具备资质的专门机构、企业教育部门分别分类存档）。

3. 关键知识点及依据

（1）安全生产法律、法规，依据《安全生产法》、《生产经营单位安全培训规定》（安全监管总局令第3号）等的要求。

（2）各层次人员需要接受相应部门对其进行安全教育培训、考核和复训。企业负责人、安全生产管理人员、总师系统和特种作业“电工、厂内机动车、焊工、锅炉工、吊车工”等应接受专业部门的培训，中层干部、管理人员、技术人员、有害作业人员、机械加工人员、餐饮“具备卫生许可证”人员等应由企业组织或委托培训。

（3）安全教育培训的主要内容和学时培训。

① 对于主要（生产经营单位）负责人，安全教育培训主要内容包括：国家安全生产方针、政策和有关安全生产的法律、法规、规章及标准，安全生产管理基本知识、安全生产技术、安全生产专业知识，重大危险源管理、重大事故防范、应急管理和救援组织以及事故调查处理的有关规定，职业危害及其预防措施，国内外先进的安全生产管理经验，典型事故和应急救援案例分析，其他需要培训的内容。

② 对于安全生产管理人员，安全教育培训主要内容包括：国家安全生产方针、政策和有关安全生产的法律、法规、规章及标准，安全生产管理、安全生产技术、职业卫生等知识，伤亡事故统计、报告及职业危害的调查处理方法，应急管理、应急预案的编制以及应急处置的内容和要求，国内外先进的安全生产管理经验，典型事故和应急救援案例分析，其他需要培训的内容。

③ 对于新从业人员，安全教育培训主要内容包括：

a. 厂矿级。本单位安全生产情况及安全生产基本知识、本单位安全生产规章制度和劳动纪律、从业人员安全生产权利和义务、有关事故案例等。煤矿、非煤矿山、危险化学品和烟花爆竹等生产经营单位厂（矿）级安全培训包括上述内容外，应当增加事故应急救援、事故应急预案演练及防范措施等内容。

b. 车间（工段、区、队）级。工作环境及危险因素，所从事工作可能遭受的职业伤害和伤亡事故，所从事工种的安全职责、操作技能及强调性标准，自救互救和急救方法、疏散和现场紧急情况的处理，安全设备设施、个人防护用品的使用和维护，本车间（工段、区、队）安全生产状况及规章制度，预防事故和职业危害的措施及应注意的安全事项、有关事故案例，其他需要培训的内容。

c. 班组级。岗位安全操作规程，岗位之间工作衔接配合的安全与职业卫生事项，有关事故案例，其他需要培训的内容。

从业人员在本生产经营的单位内调整工作岗位或离岗一年以上重新上岗时，应当重新接受车间（工段、区、队）和班组级的安全培训。生产经营单位实施新工艺、新技术或者使用新设备、新材料时，应当对有关从业人员重新进行有针对性的安全培训。

④ 特种作业人员。生产经营单位的特种作业人员，必须按照国家有关法律、法规的规定接受专门的安全培训，经考核合格，取得特种作业操作资格证书后，方可上岗作业。

⑤ 班组长。安全教育培训主要内容包括：本企业安全生产现状和安全生产规章制度，岗位危险有害因素和安全操作规程，作业设备安全使用与管理，作业条件与环境改善，个人劳动防护用品的使用和维护，作业现场安全生产标准化，现场安全生产检查与隐患分析排查治理，现场应急处置和救护，本企业、本行业典型安全生产事故案例，班组长的职责和作用，员工的权利和义务，与员工沟通的方式和技巧，班组安全生产组织管理和先进班组的安全生产管理经验。

⑥ 中层干部、管理人员和技术人员（企业培训）。安全教育培训主要内容包括：国家有关安全生产方针、政策、法律、法规、规章、标准和行业安全生产的规章、规范和标准，安全生产管理理论与方法、安全生产技术知识等，有关行业安全生产管理规范，安全生产责任制、职责、操作规程的制定和执行，重大危险源的管理与应急救援预案的编制原则和方法，火工品、危险化学品的安全管理与安全生产条件，用电安全技术与安全防护的要求，雷电的危害与接地技术安全要求，防静电技术与静电危害和电磁兼容技术要求，职业危害作业的管理与防护，本质安全技术及要求，国内外先进的安全生产管理经验，安全评价、安全生产标准化，生产安全事故和职业危害事故调查处理规定和责任追究，典型事故案例分析，上级安全生产管理规章和本单位安全生产管理规定，按规定需要教育培训的其他内容。

生产经营单位主要负责人和安全生产管理人员初次安全培训时间不得少于 32 学时。每年再培训时间不得少于 12 学时。煤矿、非煤矿山、危险化学品和烟花爆竹等生产经营单位主要负责人和安全生产管理人员安全资格培训时间不得少于48学时；每年再培训时间不得少于16学时。培训必须依照安全生产监管监察部门制定的安全培训大纲实施，或有认定的具备相应资质的安全培训机构实施。

生产经营单位新上岗的从业人员，岗前培训时间不得少于24学时。煤矿、非煤矿山、危险化学品和烟花爆竹等生产经营单位新上岗的从业人员安全培训时间不得少于72学时，每年接受再培训的时间不得少于20学时。

中层干部、管理人员、技术人员初次教育培训的时间不得少于24学时，每年再培训时间不得少于12学时；每年开展全员性的安全生产教育活动不得少于8学时。

4. 注意事项

（1）国家安全生产监督管理总局、国家煤矿安全监察局、省级安全生产监督管理部门、省级煤矿安全监察机构、市级和县级安全生产监督管理部门培训管理范围。

（2）国家对主要负责人和安全生产管理人员、从业人员、特种作业人员的培训规定。

（3）对不具备安全生产培训条件的生产经营单位和档案记录管理的要求。

（4）安全生产培训资金和从业人员接受培训期间的工资和费用。

（5）生产经营单位自己对此从业人员安全生产培训的组织实施范围和内容。

案例4 安全生产教育培训

1. 事故经过

河南大营镇某煤矿，有注册安全工程师4人，特种作业人员30人。

2010年12月12日8时，该煤矿入井101人，其中主井61人，副井40人。12月11日下午4点，发现1号工作面防火墙向外冒烟，12日8时安排打一道防火墙，7时30分到1号工作面确定防火墙位置，发现迎头冒顶严重，决定距原密闭墙向15m处打防火墙位置，8时10分，班长范某和煤师王某在1号工作面安排本班工人打密闭墙。约10时许，大墙处高顶瓦斯发生爆燃，高温冲击波将正在1号工作面工作的邓某等6人烧伤，在井下工人的帮助下，6名伤员很快升井，并送往医院。矿辅助救护队下井处理火区，主井人员都撤到运输大巷休息。11时35分，井下发生瓦斯煤尘爆炸，当时井下有76人，其中10人受伤，66人遇难。

2. 关键知识点及依据

（1）《安全生产法》针对生产经营单位主要负责人的安全责任不明确的问题，规定了生产经营单位主要负责人的基本职责，主要包括：

① 依法应当负有的建立、健全本单位安全生产责任制；

② 组织制定本单位安全生产规章制度和操作规程；

③ 保证本单位安全生产投入的有效实施；

④ 督促、检查本单位的安全生产工作；

⑤ 及时消除生产安全事故隐患，并实施本单位的生产安全事故应急预案；

⑥ 及时、如实报告安全生产事故等。

（2）制定《矿山安全法》时，国家规定由劳动行政部门负责监督矿山安全。根据国务院的现行规定，法律中规定的矿山安全监督的主管部门已不再是劳动行政主管部门，而是县级以上人民政府负责安全生产监督管理的部门。

《矿山安全法》第三十四条规定，县级以上人民政府管理矿山企业的主管部门对矿山安全工作行使下列六项管理职责：

① 检查矿山企业贯彻执行矿山安全法律、法规的情况；

② 审查批准矿山建设工程安全设施的设计；

③ 负责矿山建设工程安全设施的竣工验收；

④ 组织矿长和矿山企业安全工作人员的培训工作；

⑤ 调查和处理重大矿山事故；

⑥ 法律、行政法规规定的其他管理职责。

（3）国家对安全培训实行的是“综合监管、专项监管”“分级负责、属地监管”相结合的监督管理体制。矿山企业主要负责人安全培训的主要内容包括：

① 国家安全生产方针，政策和有关安全生产的法律、法规、规章及标准。

② 安全生产管理基本知识、安全生产技术、安全生产专业知识。

③ 重大危险源管理、重大事故防范、应急管理和救援组织以及事故调查处理的有关规定。

④ 职业危害及其预防措施。

⑤ 国内外先进的安全生产管理经验。

⑥ 典型事故和应急救援案例分析。

⑦ 其他需要培训的内容。

安全培训时间分两类，一类是初次安全培训时间，另一类是每年再培训时间。《生产经营单位安全培训规定》第九条规定，生产经营单位主要负责人和安全生产管理人员初次安全培训时间不得少于32学时；每年再培训时间不得少于12学时。煤矿、非煤矿山、危险化学品、烟花爆竹等生产经营单位主要负责人和安全生产管理人员安全资格培训时间不得少于48学时；每年再培训时间不得少于16学时。

（4）《注册安全工程师管理规定》对注册安全工程师继续教育的要求，继续教育按照注册类别分类进行：

① 注册安全工程师在每个注册周期内应当参加继续教育，时间累积不得少于48学时。

② 继续教育由部门、省级注册机构按照统一制定的继续教育培训大纲组织实施。

③ 中央企业注册安全工程师的继续教育可以由中央企业总公司（总厂、集团公司）组织实施。

④ 继续教育应当由具备资质的安全生产培训机构承担。

案例5　安全生产检查

1. 情景描述

2017年8月7日上午10点45分，派遣安全员两人对北京某机电设备有限责任公司进行安全生产检查，检查当日，该单位正在进行生产，单位安全保卫科科长陪同检查。该单位主要产品及原料为金属机械加工，办公楼、车间均为砖混结构，从业人员35人，消防器材配备灭火器36具、消防栓3个。

2. 具体隐患描述及参考依据

1）钻孔机传动装置没有保护罩

主要危害：容易发生伤人事故；

参考依据：《金属切削加工安全要求》（JB 7741—1995）。

2）打磨操作工未佩戴劳动防护用品

主要危害：容易发生铁屑伤人事故；

参考依据：《磨削机械安全规程》（GB 4674—2009）。

3）库房货物堆放杂乱，通道两侧未设置标志线

主要危害：不利于人员撤离；

参考依据：《金属切削加工安全要求》（JB 7741—1995）。

4）电气线路未穿管保护

主要危害：容易引发火灾事故；

参考依据：《仓储场所消防安全管理通则》（XF 1131—2014）。

3. 存在原因

（1）企业对机械设备安全防护落实不到位。

（2）企业负责人对员工教育培训的落实不到位。

（3）企业员工个体安全防护意识淡薄。

4. 管控措施

（1）单位负责人通过对上述隐患的整改，意识到企业安全管理中的缺陷，加强了设备设施的维护管理，制定了巡查制度、处理制度，最大限度地做到企业内部安全闭关管理。

（2）加强员工教育培训，严格劳动防护用品的发放和正确佩戴，保证员工具备必要的安全生产知识、安全操作规程，了解事故应急处置措施。

案例6　企业粉尘防爆专项检查

1. 情景描述

2010年2月，甲淀粉厂发生重大粉尘爆炸事故，造成20人死亡。受该起事故的警示，生产同类产品的乙集团公司于事故发生之后的第二天召开了事故分析会，组织部署下属企业全面开展粉尘防爆专项检查，并提出如下要求。

1）系统全面检查，注重工作实效

要求各单位高度重视粉尘爆炸风险，主要负责人要亲自部署粉尘防爆专项检查，分管安全的副总经理要组织制定专项检查方案，统筹安排各项工作，完善检查机制，层层落实工作责任，并将检查整改成果纳入年终业绩考核。

要求检查要追求实效，检查之前要制定方案及检查表，聘请有资质的单位实行现场采样和分析，聘请外部专家参与现场检查。同时要结合“安全生产年”活动，开展宣传、教育和培训活动，开展交叉检查，动员全员参与。现场检查之后要跟踪隐患整改，整体活动应形成总结报告并上报公司总经理。

2）深入辨识隐患，实现有效控制

要求各单位认真吸取甲淀粉厂事故教训，检查之后立即开展粉尘防爆专项治理，从危害辨识、工程控制、清洁清扫、爆炸防护、完善操作程序、加强员工培训等方面开展检查和整顿。

（1）系统辨识粉尘危害。3月份，完成作业场所粉尘爆炸风险辨识，动员全体员工，查找粉尘产生、泄露和积聚的地点、区域，制定整改和控制措施，并组织整改，排查的范围包括所有产尘区域、通风死角、陈年积尘等。

（2）全面检查防护设施。4月份，重点检查静电防护、电气设施、泄压装置、个体防护设施、设备设施维护保养及应急装备等情况，对作业现场粉尘积聚、潜在点火源进行检查，发现问题应立即组织整改。

（3）彻底清理粉尘。5月份，组织一次全面彻底的粉尘清理活动，重点是仓储、运输、粉碎、干燥、配粉、包装等工艺，以及成品库和锅炉房等场所。对通风不良、易产生常年积尘的死角，清理前应制定专项方案，避免清理现场时引发爆炸事故。

（4）监测分析粉尘分布。6月份，对产尘区域内的粉尘成分和粉尘浓度进行检测和分析，掌握发生粉尘爆炸的可能性和影响范围，提高粉尘防爆的技术水平。

（5）系统开展合理、规范性检查。7月份，系统辨识并执行《粮食加工、储运系统粉尘防爆安全规程》（GB 17440—2008）等国家和行业相关标准规范，对现有制度和操作规程进行全面梳理和完善。检查动火作业、检修作业、临时用电等危险作业的管理。

（6）组织全面整改。8月份，对专项检查发现的问题和隐患，明确整改要求，制定负责人、确定整改措施和完成时间，采用工程控制、清理清扫、培训教育、安全防护、应急救援等手段尽可能降低爆炸危害。

（7）粉尘防爆检查经常化。9月份，各单位应以此次专项检查治理为契机，将粉尘防爆的各项管理措施和要求固化，形成制度和操作文件，实现常态化管理。

3）验收检查结果

工作方案应明确各项措施的验收和考核要求，实行检查验收制度，对工作中发现的所有问题和隐患实行闭环管理。集团公司对各单位的检查方案实施情况进行验收，并对风险较高的场所进行现场验收。

2. 案例说明

本案例包含或涉及下列内容：

（1）生产经营单位的主要负责人负有检查本单位的安全生产工作，及时消除生产安全事故隐患职责。

（2）生产经营单位的安全生产管理人员应当根据本单位的生产经营特点，对安全生产状况进行经常性检查。对检查中发现的安全问题，应当立即处理；不能处理的，应当及时报告本单位有关负责人。检查及处理情况应当记录在案。

（3）专项安全生产检查是针对某个专项问题中存在的普遍性问题进行的单项定性或者定量检查，要求有较强的专业性和针对性。

（4）安全检查的内容既包括意识、制度、事故处理等软件方面，还包括设备设施、安全设施、作业环境等硬件内容。

（5）安全生产检查应该突出重点，对危险性大、易发事故、事故危害大的部位、装置和工艺应加强检查。

（6）安全检查有检查表法、仪器检查法等方法。

（7）完整的安全检查应该包括检查准备、实施检查、分析判断、结果处理及整改落实等阶段。

3. 关键知识点及依据

（1）《安全生产法》第十七条及第三十八条有关生产经营单位安全生产检查的规定。

第十七条　生产经营单位的主要负责人对本单位安全生产工作负有下列职责：

① 建立、健全本单位安全生产责任制；

② 组织制定本单位安全生产规章制度和操作规程；

③ 组织制定并实施本单位安全生产教育和培训计划；

④ 保证本单位安全生产投入的有效实施；

⑤ 督促、检查本单位的安全生产工作，及时消除生产安全事故隐患；

⑥ 组织制定并实施本单位的生产安全事故应急救援预案；

⑦ 及时、如实报告生产安全事故。

第四十三条　生产经营单位的安全生产管理人员应当根据本单位的生产经营特点，对安全生产状况进行经常性检查；对检查中发现的安全问题，应当立即处理；不能处理的，应当及时报告本单位有关负责人。检查及处理情况应当如实记录在案。

（2）《安全生产事故隐患排查治理暂行规定》（安监总局令第16号）有关隐患排查治理的规定。

第八条　生产经营单位是事故隐患排查、治理和防控的责任主体。生产经营单位应当建立健全事故隐患排查治理和建档监控等制度，逐级建立并落实从主要负责人到每个从业人员的隐患排查治理和监控责任制。

第九条　生产经营单位应当保证事故隐患排查治理所需的资金，建立资金使用专项制度。

第十条　生产经营单位应当定期组织安全生产管理人员、工程技术人员和其他相关人员排查本单位的事故隐患。对排查出的事故隐患，应当按照事故隐患的等级进行登记，建立事故隐患信息档案，并按照职责分工实施监控治理。

（3）生产经营单位安全生产常识。

第十五条　对于一般事故隐患，由生产经营单位（车间、分厂、区队等）负责人或者有关人员立即组织整改。

对于重大事故隐患，由生产经营单位主要负责人组织制定并实施事故隐患治理方案。重大事故隐患治理方案应当包括以下内容：

① 治理的目标和任务；

② 采取的方法和措施；

③ 经费和物资的落实；

④ 负责治理的机构和人员；

⑤ 治理的时限和要求；

⑥ 安全措施和应急预案。

4. 注意事项

（1）开展安全检查是生产经营单位的法定职责。

（2）生产经营单位安全检查的基本过程。

（3）编制检查方案的主要内容。

（4）粉尘防爆的主要途径。

案例7　某药业股份有限公司安全文化建设实践经验

1. 情景描述

某药业股份有限公司投资新建一条克林霉素生产线，目前已竣工投入试生产，按照《中华人民共和国职业病防治法》等有关法律法规要求，应开展职业病危害控制效果评价和职业病防护竣工验收工作。

克林霉素生产工艺流程为：发酵配料（用液碱调节发酵液）、林可霉素提取（盐酸与碱液添加于提取液中）、氯仿溶解三光气（固体）、林可霉素氯化、碱化水解、分层水洗、蒸馏浓缩（回收氯仿）、结晶分离、干燥、成品包装。另外，还有燃煤锅炉、空压机房、变电站等辅助设施。

生产工人60人，其中新增员工20名，企业安全生产管理制度较为齐全，职业卫生管理制度基本空缺，现场安装若干通风机，部分不能正常运转；工人除配备了纱布口罩、工作服、安全帽、手套和安全鞋外，没有配备其他防护用品、应急设施和药品。

2. 案例说明

本案例包含或涉及下列内容：

（1）职业病危害因素辨识方法，职业病危害因素种类。

（2）建设项目职业病危害分类。

（3）职业病危害因素可能导致的职业病名称。

（4）职业病危害因素检测、评价与预防控制。

（5）职业健康监护要求。

（6）个体防护用品配备。

3. 关键知识点及依据

（1）建设项目职业病危害分类管理。《建设项目职业病危害分类管理办法》对建设项目评价种类、分类依据、分类情况及相应的审核、审查要求。

（2）《职业病危害因素分类目录》对危害因素的分类。

（3）《职业病目录》对职业病的分类及其名称。

（4）《工业企业设计卫生标准》（GBZ 1—2010）对有毒作业场所布局、危害因素的检测及监测与报警、通风、警示标识的要求。

（5）《呼吸防护用品的选择、使用与维护》（GB/T 18664—2002）、《个体防护装备选用规范》（GB/T 11651—2008）对个体防护用品要求。

（6）《工作场所职业病危害警示标识》（GBZ 158—2003）对有毒作业场所警示标识的要求。《高毒物品作业岗位职业病危害告知规范》（GBZ/T 7203—2007）对高毒物品作业岗位职业病危害的告知要求。

4. 注意事项

（1）《使用有毒物品作业场所劳动保护条例》要求从事使用高毒物品作业的用人单位应当至少每个月对高毒作业场所进行一次职业中毒危害因素检测，至少每半年进行一次职业中毒危害控制效果评价。

（2）《职业健康监护技术规范》（GBZ 188—2014）对接触职业病危害因素体检周期要求。

案例8 安全文化建设实践

1. 情景描述

近年来某建筑公司着力进行企业安全文化建设，坚持走结合施工现场实际、立足本质安全、构建特色体系的文化促安、兴安道路，将公司发展愿景和安全管理、理念、取向渗透到建筑施工的各个环节，以员工为本、以发展为基、以安全为重，通过全员参与、制度规范、文化引导、持续完善，消除了安全管理盲点和难点，构建了工程施工企业安全文化的有效体系。

2. 建设情况

公司开展安全文化建设，目的在于提高全员安全意识、知识和技能，使员工形成我要安全、我须对企业安全负责的自觉习惯，切实杜绝安全事故。近年来全员参与取得了以下六个方面的成绩：

（1）全员明确一个核心企业文化理念。

（2）全员共建一套安全管理制度。公司全员参与建立、完善了一系列的安全管理制度：

① 建立了安全生产责任制，层层签订安全责任书，落实责任；

② 建立了安全生产考核及奖惩制度，追究责任，奖惩分明；

③ 建立了安全生产教育培训制度，培养、提高全员安全意识与技能；

④ 建立了安全生产检查制度，实现三个层次的检查；

⑤ 建立了事故管理制度，要求一旦出现问题，严格按照公司规定进行处理；

⑥ 建立了危险源管理和隐患排查治理制度，及时辨识控制危险源，消除安全隐患；

⑦ 建立了三级安全技术交底制度，层层明确安全要求；

⑧ 建立了安全生产工作档案及管理制度，做到有记录、可追溯，这整套的安全生产管理体系的建立，使管理有章可循，奖罚有据可依，安全生产管理工作得到有效的开展。

（3）全力打造一支安全监管队伍。

（4）全年确保一笔安全生产投入。

（5）全员纳入一套安全文化管理。

（6）全员取得一批安全文化成绩。

3. 采取措施

（1）注重贯彻，不断健全危险源辨识、策划及防护体系。

公司全面贯彻执行 OHS18001 职业健康安全管理体系，为系统性做好安全生产工作打下良好基础。其中充分理解并灵活运用成熟的方法，包括：第一，采取工艺分解法、经验分析法、现场观察法等不同的方法对所有状态进行危险源的辨识，采集全面的危险源存在状态；第二，采用LEC分析法对所有的危险源进行实事求是的级别评定，评出高等级危险源和一般危险源；第三是根据危险源级别，制定相应的危险源控制措施，对高等级危险源制订详细的应急预案。

（2）注重培训，不断完善企业安全文化体系的培训机制。

公司加强培训，提高员工整体素质，努力以人性化的方式教育引导。其中，建立了以内部培训、岗位培训和外委培训三种形式为主的安全培训机制。

（3）注重宣传，不断扩展企业安全文化体系的普及机制。

如果说培训教育是“晓之以理”，那么文化意识的潜移默化就是“动之以情”。理与情二者结合，想方设法让员工从内心被触动，促使员工真正养成自觉性，促使员工产生我要安全的源动力。

（4）注重检查，深入落实企业安全文化体系的监审机制。

检查监督是安全获得保障的关键措施，公司主要采取项目部施工员直接管安全，进行安全工艺自检，项目部安全生产专职人员复检和安保部月检、季检及领导抽检等三个层面的检查方式，来对项目一线的安全生产进行监督检查。

（5）注重创新，拓宽施工企业安全文化体系的特色理念。

创新是安全文化不断完善、拓宽的动力之源，公司结合施工企业安全文化建设的实际情况，形成了有自身特色的大安全文化理念。

案例9　水电站6kV高压室爆炸事故

1. 事故情况

1999年11月29日16时10分，某水电站（2×8750kW）厂房6kV高压室突然响起爆炸声，紧接着便是一阵短路电弧燃烧爆裂声，6kV高压室冒出浓烟，厂用电消失，中控室控制台各开关的位置指示灯无指示，运行中的一号发电机定子电流表瞬间顶表，无功进相，后来电流及有功、无功表变为零，通过一号主变与大网联络的110kV线路电流、功率表顶表，所有设备的继电保护没有动作，未出现光字牌和音响信号，值班人员手动断开一号发电机灭磁断路器后冲到110kV开关站手动断开110kV联网断路器，同时进行停机操作。停电后进行灭火16时30分，火灭后发现6kV高压室六面高压柜已完全损坏。弧光短路气浪冲出6kV高压室排气孔，烧毁了排风机，还引发了发电机层至6kV高压室的走道上方的安全记录显示牌及照明电线的着火。许多设备成了熔铁，直接经济损失达30万元。由于6kV高压室进出线电力电缆均设有防火的石棉水泥隔垫，火灾没有延伸到6kV高压室下侧的电缆层。

2. 原因分析

据调查，该电站通过一号主变从大网倒电至6kV一段母线时，经常会出现“6kV一段母线失地”的信号，一号机并网后，失地信号可消失；运行过程中曾出现两次6kV

一段母线 TV(JDZJ-6 型) B 相烧毁的事故，说明了该电站在这种运行方式下存在非线性（铁磁）谐振过电压问题（常见谐振过电压的原因，可从有关过电压的参考资料中得到论述，在此不再赘述)。1999 年 8 月 17 日该电站一号主变 6kV 侧电缆头在运行中发生对地击穿事故，但没有出现“6kV 一段母线失地”的信号，说明当时“6kV 一段母线失地”的光字牌就已坏了。谐振过电压问题长期得不到反映和没有及时采取限制和消除的措施，铁磁谐振过电压造成了避雷器爆炸是这次事故的主要原因。

蓄电池组向控制母线供电的电子开关无法供电，厂用电消失便造成全厂控制、保护信号回路瘫痪，延长了短路持续时间，造成扩大事故。

3. 教训与对策

（1）该电站使用的直流系统为浙江三辰电器有限公司 1996 年产 PGD1—Ⅳ2X40—220/220 直流盘，电池的供电是当控制母线电压降低时，电池通过电子开关连续向控制母线供电，当控制母线电压恢复正常后，电子开关自动关断蓄电池组向控制母线放电。在电子开关靠蓄电池组侧的负极连接回路串联有一只 RLG25/25 型熔断器，是否熔断不直观，仅靠运行人员的仔细检查才能发现。事故后加装了该熔断器的熔断监视装置，一旦熔断便可发信号，以便及时更换。运行一段时间后果然在厂用交流电电压波动频繁时电子开关频繁动作，该熔断器出现了熔断现象，因为有了监视装置，及时得到了更换。

（2）事故后对 6kV 一段母线系统绝缘监视回路进行检查，发现光字牌已烧坏。失地或谐振造成的虚幻接地无法报警。该电站的中央音响信号系统为 20 世纪 70 年代的产品，运行过程中无检查光字牌的切换装置，全厂 6kV 系统设备的绝缘监视仅靠光字牌来报警，很有必要对中央音响信号系统装置进行技改。

（3）中控室的控制台存在缺陷，交流电网的绝缘监察装置不规范。电站在前几年更换控制盘时，对 6kV 系统的电压测量用一只电压表和转换开关切换，切换仅测量三相线电压 U_{AB}、U_{BC} 和 U_{CA}，《电测量仪表装置设计技术规程》要求 6kV 系统的电压测量需用一只电压表和转换开关切换，切换测量三相对地电压。现已着手完善绝缘监察装置的接线。

（4）在新购 6kV 母线 TV 柜时选用了励磁特性较好的 TV，6kV 系统绝缘监察装置整改正常后，如果还存在谐振现象，则应当采取限制和消除谐振的措施，在 TV 的开口三角形绕组中加装阻尼电阻。

（5）定期进行试验，确保有关设备、直流系统、保护装置完好有效，进而控制和减少事故损失。

案例 10　化工厂空分塔爆炸事故分析

1. 事故背景

1997 年 5 月 16 日上午 9 时 05 分，辽宁抚顺某化工厂 6000m^3/h 制氧机组的空分塔发生了一起爆炸事故。

爆炸使空分塔上塔破坏，主冷凝器被撕裂成碎片并燃烧，上塔顶部的纯氮塔壳体飞出30m，下塔受震倾斜外形较完好，爆炸形成的碎片飞落方圆500m^2，产生的冲击波造成最远距离1500m处的窗户玻璃破碎；凡遭爆炸气浪冲击的建筑、设备，均以空分塔为中心呈放射状倒塌。安装在户外的空分装置静设备被损坏12台，动设备被损坏4台（水泵），主要动设备基本完好。

本次事故造成4人死亡（其中1人在爆炸地点200m以外处，被飞去的一块冷箱铁板击中头部死亡）、4人重伤、27人轻伤。事故使空分装置丧失生产能力，事故造成的直接经济损失461.9万元。

2. 事故经过及原因

大量乙烯进入空分塔主冷凝器中，主冷凝器的翅片通道并非完全均匀，各个翅支通道的传质传热也各有差异，因此造成乙烯的分散不匀，在个别点超过在液氧中的溶解度极限并达到爆炸危险极限（5%）而产生爆炸，甲烷也参与了爆炸。根据计算，1kg乙烯在液氧中爆炸足以使环境产生2300℃以上的高温，达到铝燃烧条件，因此引燃了铝，使铝产生剧烈的燃烧爆炸。主冷凝器丢失近2t铝，又有2t空分塔上塔的铝填料下落不明，而在这两个部分又都出现了高温现象，因此断定至少1t铝参与了燃烧爆炸。1t铝加1t液氧可形成2t TNT的爆炸威力，最终形成了这次大爆炸。

3. 结论

爆炸产生于主冷凝器，爆炸物质为乙烯、甲烷、丙烯、铝，乙烯、甲烷、丙烯为引爆物质；能量主要来源于铝燃烧；各种条件的耦合导致了这次爆炸——气候条件（风向及大气压）、环氧乙烷装置停车排放循环气、铝材设备、没有烃类在线分析仪、装置总体布置不尽合理、排气未走火柱塔和焚烧炉。

4. 事故教训

（1）领导的安全意识差。表现在虽然在安全工作方面下了很大力气，做了许多部署，加强了教育、培训、考试，但未达到预期效果。有的问题没有考虑到，也忽视了向兄弟单位沟通借鉴。全国近10年来空分设备发生近百起大小爆炸事故，该厂没有吸取教训。

（2）安全管理不严格，工作有漏洞。表现在执行工艺纪律不严，对深层次安全技术问题缺乏研究。虽然对乙炔引起空分设备爆炸的危险有所认识，但对总烃影响空分设备爆炸的危险性没有认识到，盲目相信法液空专利装置的先进性、可靠性，思想麻痹。厂领导和技术部门对车间排放含有大量烷烯类物质的循环气不走火柱塔和焚烧炉，对乙炔分析工作随意停掉几个月，对不连续排放1%液氧，既不知道，又不检查纠正。如果事先纠正了这几个错误，这次事故本来也是可以避免的。或者只是局部的危爆，损失就会小得多。

（3）对空分装置的技术管理和技术交流很差。该套空分装置投产6年来，从未有过对外交流和学习，总认为最安全的是空分装置。因而对空分装置不重视。

（4）对规章制度贯彻不利，落实不到位。总公司对空分装置总烃的分析和控制有过规定，但企业领导和管理部门既没有学习也没有认真贯彻。厂方对外商提供的空分装置操作法和操作规程也没有研究，懂的人少。严格讲就是没有懂空分安全技术的管理人员和专业人员。

（5）培训工作先期欠账，后期又未跟上。

5. 事故防范措施和建议

为使空分装置尽快恢复生产，该厂决定采用河南开封空分设备厂的 $6000m^3/h$ 空分设备（塔），并在安全技术和管理方面采取了如下措施：

（1）增设6组烃类在线分析，按总公司规定建立全项离线复验分析，随时连续监测烃类在关键点的含量，制定超标报警及联锁的相应手段。

（2）远移污染源的排放位置（关键在使用火柱塔和焚烧炉，不让可燃气污染空气）等措施，改善空压机吸入口空气质量。

（3）正常运行中连续排放相当于氧产量1%的液氧，以稀释烃类在主冷凝器液氧中的浓度。

（4）主冷凝器板式单元采用新型防爆结构，大大减少烃类沉积的可能；采用增压膨胀机后的空气作热虹吸蒸发器的热源，推动力大，循环速度加快，且增加硅胶用量，以利于液氧中乙炔和烃类的脱除。

（5）主冷凝器采用全浸式操作，预防烃类局部析出。

（6）增设冷冻机，降低空气进入分子筛的温度，减轻分子筛脱水负荷，以利于 CO_2 和烃类的脱除。

（7）为避免循环冷却水水质不好，在工艺、水洗、冷却过程中单独设立循环水场。

（8）强化对空分装置的管理，设立为独立生产单位，并增设专业技术人员，加强交流和培训，将行业交流纳入制度，严格贯彻总公司相关标准，完善分析手段和监测系统，加强对液空液氧中乙炔及其他碳氢化合物的分析、控制，加强对大气环境的监控分析。

（9）逐条清查确认安全技术规程、分析项目及工艺卡片，并予以重新修订，严格执行。

（10）加强安全培训，严格上岗取证工作，严守工艺规程，加强技术练兵，增强安全责任制和事业心，真正树立“安全第一”意识。

笔者认为，上述这些措施无疑都是对的，但一定要抓住重点，首先要防止危险杂质进入空分系统；其二，要阻止危险杂质在液空液氧中浓缩；其三，一旦发现有危险杂质在空分塔内浓缩，必须采取措施排除；其四，如果发现排除措施无效，则必须立即停车。

鉴于石化企业空气中烯烃、烷烃类物质较多，建议有关部门和企业研制对烯烃、烷烃类物质吸附性强的吸附剂（分子筛、硅胶），以有效去除这类物质，提高空分装置安全运行的可靠性。

案例11 化工厂爆炸事故

1. 事故简介

2001年5月18日，中国台湾地区新竹县湖口乡新竹工业园区的某化工厂内，生产水性丙烯酸树脂的反应器失控，引发易燃蒸气泄漏，被引燃后发生系列爆炸，导致1人死亡、112人受伤，为该工业园区1978年建立以来最严重的事故。事故调查小组认定，事故工厂及周围其他工厂在安全信息管理方面存在漏洞。

该化工厂位于台湾地区南部一化工园区内，属高分子聚合材料和树脂中型生产商，产品主要用于涂料行业。该工厂的建筑为1栋3层楼房。工厂分为3个区域：原材料区（有7个储罐）、生产区（有7个反应设备）和成品储存区。

生产区的反应器A，通过丙烯酸单体溶液和有机过氧化物引发剂发生反应，生成水性丙烯酸树脂。由于该反应为放热的聚合反应，因此工厂使用了甲醇和异丙醇（IPA）来转移反应热。引发剂为过氧化苯甲酰（BPO），反应时受热分解为初级自由基，随后自由基与单体反应，形成高分子长链。

反应器A由容量为6t的容器、冷凝器、纯净水罐、水泵和应急冷却水罐等部分组成。反应器的加热与冷却皆通过手动操作阀门实现，而操作时机与阀门开合程度则取决于操作员的个人经验。冷凝器可为反应器进行额外冷却。加压的纯净水罐通过手动阀门与反应器相连，除了供给水，让水作为反应物参与反应之外，还能在反应失控时终止反应。其他的冷却方法是给反应器外表面洒水降温。然而，由于反应器A是在事故发生前20年设计、安装的，所以没有急冷系统。

2. 事故过程

2001年5月18日8时左右，反应器A的操作员像往常一样，按照要求添加了一定量的溶剂、丙烯酸单体和引发剂，启动了丙烯酸树脂的批量生产作业。10时，反应器上的蒸汽阀打开，加热反应物。12时10分，操作员吃午饭，12时40分回到工作岗位，期间反应器处于无人监视状态。操作员返岗后不久，反应温度升至65℃。之后，操作员关闭蒸汽阀，12时50分开始对其进行冷却，并听到了冷却水流过水管的声音，该员工通常以此来检查冷却水流。5min后，该员工上报说，温度离奇地升到了80℃，并已失控。他试图操作连接水管和冷凝器的阀门，输入更多的冷却水，但没成功。13时10分，反应物开始从反应器内喷出，同时紧急警报响起，工厂经理指示厂内员工立即疏散。13时20分，发生了第1次爆炸，工厂着火。随后，又发生了数次爆炸，并伴有大火。

3. 事故原因

事发后，当地政府成立了技术专家委员会，对事故进行调查。委员会最终认定，事故起因为：操作员未能及时发现升温并作出响应，导致反应失控。

第一，反应温度升高，冷却系统失效后，反应器内泄漏的混合易燃蒸气形成小型蒸气云，被点燃后引发了首次爆炸。第二，搅拌泵被掀翻至远处，冷凝器向外撕开，但管道没有被炸开。根据上述证据，人们判断爆炸位置在反应器上方1~2m处。第三，第1次爆炸使反应器附近的BPO受热，发生分解反应后被引爆，形成了第2次爆炸。就算BPO含量微小，过氧化物爆炸也会发生剧烈反应，其爆炸威力是有机物蒸气爆炸或瓦斯爆炸的2~3倍。第四，人们认为随后的数次爆炸是容器液体沸腾产生的蒸汽膨胀爆炸（BLEVE）。

此外，台湾经济主管部门也成立了1支研究小组，分析了事故原因。该研究小组分析事故结果，进行量热试验后，将事故简述如下：第一，事故原因是反应器失控导致泄漏的气体发生爆炸，爆炸的TNT当量为1000kg。第二，反应温度从60℃升至170~210℃期间，最高温升速度可能达到了192K/min。

虽然两次事故原因调查结果并不完全相同，但都认为事故的主要原因有：第一，冷却系统是控制放热聚合反应的重要因素。操作员只通过开关蒸汽阀和冷却阀手动控制反应温度，同时阀门操作出现延迟，导致了气体泄漏。第二，生产流程设计不当，导致反应必须在65~70℃时进行，接近反应失控的温度值（80℃）。第三，反应器没有配备安全设备，比如急冷系统和反应器冷却系统。

4. 事故分析

被誉为“HAZOP之父”的克莱兹将事故调查比作剥洋葱：最外层是避免风险的方法，里面一层则是隐匿的事故原因，比如管理不力。许多事故调查工具和调查指南都强调从偶然因素挖掘至过程安全管理（PSM）项目上。比如，美国化学工程师协会化工过程安全中心就建议使用PSM的调查方法，专注于事故根本原因的决定性作用。

PSM分析反映出该厂的档案信息与安全信息管理非常落后，应进一步得到提升。在回顾数据、信息和事故相关调查材料，采访工厂操作员和经理后，笔者得出以下有关安全信息管理的结论：

第一，该工厂确实有大部分所用爆炸材料的生产加工信息，比如生产过程、设备表格、规章和标准设计、简化工艺流程图及材料安全数据表（MSDS），但工人没有使用，也没意识到它们的存在，不知道爆炸性材料的具体风险。

第二，设备操作员曾就温度过高一事，上报经理：尽管自己努力控制，但反应温度上升速率依旧很快，并且已经超过设定的最高温度，幸好温度最终都会回到反应温度阈值之内。操作员报告的这些严重误差现象是非常重要的安全信息，但管理层没有对其进行调查。这体现出，该工厂明显忽视了安全信息，完全是在等待下次误差的出现。不幸的是，这次出现不仅是误差，而是一场毁灭性的事故。

第三，1995年，该化工厂曾利用安全信息文件和MSDS（Material Safety Data Sheet，化学品安全数据说明书）进行了PHA（Process Hazard Analysis，过程危险分析），尽管安全信息文件和MSDS中包含了放热聚合反应的信息，但并没涉及放热反应失控的信息。因此，不当的 PHA 未能给工厂提供足够的安全信息，纠正设备安全和工厂管理的薄弱环节。

第四，1997 年美国和 2000 年中国台湾地区都发生过类似事故。当地职业安全健康部门曾向工厂下发通知，要求从中吸取教训。这些都是培训员工的绝佳材料，也应该将其用于 PHA。然而，经理忽视了这些，把材料遗忘到了文件柜中。

第五，此次事故中，尽管操作员有机会手动紧急关停系统，但由于没有应急操作指南的说明，他并不知道启动关停的时机。

第六，工厂没有有效落实内部 PSM 项目。针对工艺流程和操作程序进行的 PHA 也没有解决潜在误差问题，比如系统过热和操作失控，也没说明操作员为纠正误差应该采取哪些措施。

第七，在首次调查采访期间，该化工厂经理说反应设备上安装了急冷装置和冷却系统。但根据事故现场和操作员示意图，根本不存在上述安全系统。这表明，尽管经理已经知道应该加装安全系统的消息，但并没执行。

第八，2001 年 2 月，当地安全健康部门对工厂进行了事故前的最后一次检查，也将检查结果告知给了工厂，让其及时审查操作流程并开展危险物料处置培训，还建议工厂审核其 PHA，以评估反应器的安全性。但经理未对该信息作出回应，也没遵照执行。于是，数月之后便发生了事故。

附近工厂的相关原因：

第一，园区内大多数工厂的成立时间比该化工厂晚，其中一些高科技生产单位是在事故发生的前几年才成立的，并且距工厂非常近。这些工厂中绝大多数不知道该化工厂的情况，也不了解其中的风险。此外，绝大多数工厂在建设过程中使用了很多玻璃，这些玻璃却成了本次事故中的“飞刀”，使大量人员受伤。更为甚之，这些工厂没有有效的应急疏散计划和紧急救援计划，也没有个人防护装备。幸运的是，此次事故没有发生有毒材料泄漏，否则后果将不堪设想。

第二，如果现场不存在物料，也就不会发生泄漏；如果附近没有人员，也不会出现死亡。如果附近工厂能与事故化工厂保持一定距离，事故影响也会小得多，只是比起化工行业，放弃高利润的高科技产业更困难。但无论如何，企业也不能停止信息收集、风险分析，放弃事故预防。

第三，该园区内有 300 家工厂，却没有面对整个园区的信息交换系统或应急预案。本次事故反映出，当地政府部门要联合应急服务部门，制定应急预案，减轻事故后果，防止出现“连锁反应”。

安全信息管理：

根据上述讨论可以发现，安全信息管理失效是导致此次事故的关键因素。而安全信息管理不仅是化工过程安全中心 PSM 项目的主要组成元素，还是美国化学品制造商协会、美国石油协会、美国环保部门和美国职业安全与健康管理局等机构 PSM 模式的组成因素。所以，生产单位不仅要问自己是否有足够的安全设备、警报系统等，还要看是否有合适的安全信息管理系统，帮助单位实现信息理解与沟通，加强风险意识，提升工作场所安全性。

生产单位的安全信息流应该将工厂的所有元素连接到一起。安全信息管理系统要确保安全信息与所有生产过程变化、设备保养和其他活动同步，及时更新。

此外，信息处理技术在近10年出现了革命性变化，比如许多档案都是通过计算机和因特网建立、修改和储存的。要用好这些新科技，帮助人们更好地管理日益增多的信息，这既是机遇也是挑战。学习如何获取、利用安全信息是安全项目的核心。然而，许多工厂想根据自己的具体需求来制定安全信息管理系统，这项任务异常艰巨，比如如何确定当前使用的或新建的安全信息管理系统是否适合本单位解决这一问题，就要用系统审查的方法评估当前的信息环境。

5. 总结

此次事故的起因是操作员未能识别反应温度过高的情况，导致反应失控。另外，反应器没有配备合适的安全设备，以便出现异常时终止反应，但事故的最根本原因之一是安全信息管理存在缺陷。

为预防类似事故，所有工厂单位都应建立安全信息管理机制，收集化学过程安全信息和操作经验，并将其与所有相关内部人员和外部机构分享。遗憾的是，过去的事故研究与调查从未对该事项作出过强调。

有效的安全信息管理能减小操作风险，使企业免遭起诉和监管罚款，削减管理成本，保障企业信誉。电脑辅助的安全信息管理能在1年内将事故数量减少60%。许多机构和软件公司也都有相关产品，为客户的安全信息管理提供支持。但也要明白，良好的信息管理绩效需要在分享经验的基础上始终如一地推进事故预防项目。

如今，工业生产单位需要收集、储存、管理和评估大量的安全信息，这也带来了一定的挑战。比如，潜在的信息管理问题就有：收集的信息不准确，收集和整理所用时间多于信息分析时间，信息更新后重新解读信息所需时间过长；缺少对生产环境的大局观。似乎可以把当前的状况总结为一句话——信息太多，但有用信息太少。

案例12　印度博帕尔农药厂毒气泄漏事故

1. 事故介绍

1984年12月3日，美国联碳公司设在印度中央邦首府博帕尔市的农药厂发生异氰酸甲酯泄漏事故，致使4000居民中毒死亡，200000人受害，是世界工业史上绝无仅有的大惨案。

2. 事故调查

（1）该事故主要是由于120~240gal（1gal=3.785L）水进入异氰甲酯（简称MIC）储罐中，引起放热反应，致使压力升高、防爆膜破裂而造成的。至于水如何进入罐内问题未彻底查清，可能是工人误操作。

（2）此外还查明，由于储罐内有大量氯仿（氯仿是 MIC 制造初期作反应抑制剂加入的），氯仿分解产生氯离子，使储罐（材质为 304 不锈钢）发生腐蚀而产生游离铁离子。在 1 个铁离子的催化作用下，加速了放热反应进行，致使罐内温度、压力急剧升高。

（3）漏出的 MIC：喷向氢氧化钠洗涤塔，但该洗涤塔处理能力太小，不可能将 MIC 全部中和。

（4）洗涤塔后的最后一道安全防线是燃烧塔，但结果燃烧塔未能发挥作用。

（5）重要的一点是，该 MIC 储罐设有一套冷却系统，以使储罐内 MIC 温度保持在 0.5℃左右。但调查表明，该冷却系统自 1984 年 6 月起就已经停止运转。没有有效的冷却系统，就不可能控制急剧产生的大量 MIC 气体。进一步深入调查表明，这次灾难性事故是由于违章操作（至少有 10 处违反操作规程）、设计缺陷、缺乏维修和忽视培训造成的。而这一切又反映出该工厂安全管理的薄弱。

3. 问题

试分析这起事故的直接原因和间接原因。

这起事故的直接原因是：

（1）由于 120~240gal（1gal＝3.785L）水进入异氰酸甲酯（简称 MIC）储罐中，引起放热反应，致使压力升高，防爆膜破裂而造成；

（2）储罐内有大量氯仿，氯仿分解产生氯离子，使储罐发生腐蚀而产生游离铁离子，在铁离子的催化作用下，加速了放热反应进行，致使罐内温度、压力急剧升高；

（3）氢氧化钠洗涤塔处理能力太小，不可能将 MIC 全部中和；

（4）燃烧塔未能发挥作用。

这起事故的间接原因是：

（1）安全管理薄弱，违章操作较多；

（2）设计存在严重缺陷；

（3）缺乏及时维修；

（4）忽视员工培训和安全教育。

案例 13 急性氯气中毒事故调查

1. 中毒事故经过

2019 年 10 月 21 日上午 9 点 15 分左右，某化工公司职工赵某例行排放通氯缓冲罐中的三氯化氮。赵某在未佩戴防毒面具和护目镜的情况下，拧开了氯化缓冲罐的排泄阀门，感到氯化缓冲罐距地面 1.6m 处的法兰处有气体喷向面部后随即关闭阀门，并跑到通风开阔处。数分钟后，赵某出现流泪、脸红、咳嗽、呕吐等症状。事故发生时，距地面约 5m 高的二楼平台上有 4 人在岗生产，其他人闻到刺激性气味后，查看情况。气体泄漏原因是设备检修后，氯化缓冲罐距地面 1.6m 处的法兰未紧固。赵某在吸氧半小时症状无改善后，被送到市医院救治。事故发生后，患者先后在市、省两级医院进行治疗。

2. 现场职业卫生调查

该企业为生产农药中间体的中型民营企业，主要生产 2-氯-5-氯甲基吡啶（CCMP）、丙烯醛、丙烯酸等产品。其中 CCMP 年产量达 2000t。生产原料主要有氯气、丙烯醛、丙烯腈、甲苯、环戊二烯等。本次急性中毒事故发生在三氯粗品生产（CCMP 粗品）工段。赵某在该工段的通氯岗位，主要从事氯气瓶的更换和每周排放一次缓冲罐内的三氯化氮。本工段的工艺流程为：烯腈醛与氯气反应，生成氯丁醛；氯丁醛与三氯氧磷反应生成二氯五氯甲基吡啶甲苯液；CCMP 甲苯液经碳酸钠中和后得 CCMP 粗品。该工段生产装置为两层框架结构，以自然通风为主。

发生急性中毒事故的地点位于 1 楼氯化缓冲罐处。缓冲罐高度约 1.5m，直径约 30cm，罐中成分主要为氯气和三氯化氮。氯化缓冲罐底部出口用于排放三氯化氮至南侧的液碱池，缓冲罐上出口以法兰连接氯气汽化罐。气体泄漏原因是设备检修后，氯化缓冲罐上出口的法兰未紧固，致使氯气从氯化缓冲罐上面的法兰处泄漏。

3. 病例调查情况

赵某以“被氯气喷洒到面部后，头疼、恶心、胸闷”主诉被收入院。入院诊断：氯气中毒；高血压。入院后给予盐酸氨溴索、苏黄止咳胶囊、布地奈德、多索茶碱、甲泼尼龙琥珀酸钠等抗感染、祛痰止咳治疗。

入院时体格检查：患者神志清，精神欠佳，全身皮肤黏膜无黄染，全身浅表淋巴结未触及肿大。双瞳孔等大等圆，对光反射灵敏。咽部明显充血，伸舌居中。颈部无抵抗。胸廓对称，双肺呼吸运动对称，叩诊呈清音，双肺呼吸音粗，未闻及明显干湿啰音。心率每分钟 78 次，心律整齐，各瓣膜听诊区未闻及病理性杂音。

入院后查胸部正位摄影：双肺纹理增粗、模糊。

肺部 CT：左肺舌叶、双肺下叶多发条索影、斑片状磨玻璃密度影，边缘模糊，余肺野清晰，气管支气管通畅，纵隔内未见明确肿大淋巴结。

治疗后，肺部 CT 诊断：左肺舌叶、双肺下叶少许索条影，对比前片病灶明显吸收。患者的临床症状、影像资料符合氯气中毒的临床特征。经治疗后，赵某痊愈出院。在职业病诊断过程中，由于患者自述有误，最后被诊断为“职业性急性中度化学物中毒性呼吸系统疾病”。

4. 检测结果

10 月 22 日 10 时，组织人员进入事故现场展开现场调查，并对事故现场使用应急快速检测设备检测。准确、便捷的现场快速测定是进行现场应急处置的重要依据。使用经鉴定合格的便携式氯气检测仪快速检测氯化缓冲罐、氯化汽化罐及周围氯气浓度。结果显示，氯化缓冲罐、氯化汽化罐均未检出氯气。考虑原因应为检测时间距事发时间较长，泄漏的氯气被大气稀释散尽。

5. 讨论

通过本次调查，发现此次事故虽未造成重大伤亡，但暴露出该企业职业病防治工作存在以下几个问题，若不及时纠正，在今后的职业活动中，可能会造成更大的危害。

1）职业病法律意识淡漠

《中华人民共和国职业病防治法》第四十八条规定，用人单位应当如实提供职业病诊断、鉴定所需的劳动者职业史和职业病危害接触史、工作场所职业病危害因素检测结果等资料；安全生产监督管理部门应当监督检查和督促用人单位提供上述资料。事故发生后，赵某向职业病诊断机构提出职业病诊断申请，诊断机构向该企业索要职业病诊断相关资料，但企业拒绝提供。职业病诊断机构最终依据患者自述、临床资料和同工种证明，诊断赵某为“职业性急性中度化学物中毒呼吸系统疾病”。

2）职业卫生管理混乱

依据建设项目职业病危害风险分类管理目录，该公司属于职业病危害严重项目，并且企业职工总人数超过 300 人。按照国家安监总局 47 号令规定，用人单位应该配备专职职业卫生管理人员。但该企业并未配备专职或兼职的职业卫生管理人员。职业卫生管理制度不健全，公司正式投产前未进行建设项目预评价和职业病危害因素控制效果评价。近两年也未进行工作场所职业病危害因素检测和职业健康检查。企业用工也不规范，没有与劳动者签订劳动合同，没有给职工参加工伤保险。

3）应急救援设施不合理

有毒气体报警装置设置不合理。根据《工作场所有毒气体检测报警装置设置规范》（GBZ/T 223—2009）规定，有毒气体检测报警点应设在可能释放有毒气体的释放点附近，如输送泵、阀门、法兰、加料口等部位。调查发现，该企业氯气报警仪位置与缓冲罐、氯气管道等可能会有氯气跑冒滴漏的关键部位较远。另外，还应根据劳动者作业的活动方式，选择不同结构形式的有毒气体检测报警仪。该企业仅有固定式的氯气检测报警仪，种类较少，还应该为劳动者配备便携式氯气检测报警仪。

该企业氯气罐周围未设置围堰和泄险池，也无喷淋装置。依据《氯气职业危害防护导则》（GBZ/T 275—2016）规定，储存氯气的容器周围应设置围堰和泄险池，防止一旦发生液氯泄漏事故，液氯气化面积扩大，并设置必要的中和喷雾设施。

4）职业卫生培训不到位

《中华人民共和国职业病防治法》第三十五条规定，用人单位应当对劳动者进行上岗前的职业卫生培训和在岗期间的定期职业卫生培训，普及职业卫生知识，督促劳动者遵守职业病防治法律、法规、规章和操作规程，指导劳动者正确使用职业病防护设备和个人使用的职业病防护用品。调查发现，该企业有职业卫生培训记录，但仅有部分人员参与。由于个人缺乏防护意识，赵某在本次事故中未佩戴防毒面具。在以往的职业活动中，也从未佩戴防毒面具和使用其他个人防护用品。事故发生时，二楼工人闻到刺激性气味，在未佩戴防毒面具的情况下，急忙下楼查看，虽未造成其他人员伤亡，但是也存在盲目施救的问题。

由于缺乏培训，患者不清楚生产工艺，不了解缓冲罐中的成分，向职业病诊断机构自述的“每周排放 1 次通氯缓冲罐中的一氧化氮”也不准确，应该是三氯化氮。因此，结合该工段的生产工艺和患者的临床资料，依据《职业性急性氯气中毒诊断标准》（GBZ 65—2002），患者赵某的诊断结论应该更正为“职业性急性中度氯气中毒”。

建议在今后的工作中，政府应加强对企业职业卫生工作的监管，提高用人单位职业病防治的法律意识，切实履行职业病防治工作的法律责任，发挥用人单位的积极性，制定、完善职业卫生政策措施。加强劳动者的职业卫生知识培训，确保其掌握操作规程，并正确佩戴个人防护用品。

案例 14　隧道“3·1”事故

1. 事故经过

2014 年 3 月 1 日 14 时 45 分许，晋济高速山西晋城段岩后隧道内 9km 加 605m 处，两辆运输甲醇的半挂货车发生追尾相撞，碰撞致使后车前部与前车尾部铰合在一起，造成前车尾部的防撞设施及卸料管断裂、甲醇泄漏，后车正面损坏。为关闭主卸料管根部球阀，前车向前移动 1.18m 后停住。此时后车发生电气短路，引燃地面泄漏的甲醇，形成流淌火迅速引燃了两辆事故车辆（后车罐体没有泄漏燃烧）及隧道内的其他车辆。事故共造成 40 人死亡、12 人受伤和 42 辆车烧毁，直接经济损失 8197 万元。

2. 事故原因分析

两车追尾原因：后车在进入隧道后，驾驶人未及时发现前方停车，距前车仅五六米才采取制动措施；后车牵引车准牵引总质量 37.6t，小于所牵引的罐式半挂车的整备质量与运输甲醇质量和 38.34t，存在超载运输行为，影响车辆的制动性能。在追尾碰撞事故中，后车驾驶人负全部责任。

车辆起火燃烧原因：追尾造成前车半挂车罐体下方主卸料管与罐体焊缝处撕裂，该罐体未按标准规定安装紧急切断阀，造成甲醇泄漏；后车发动机舱内高压油泵向后位移，启动机发生电气短路，引燃泄漏的甲醇。

3. 事故暴露出的隐患

（1）两辆事故危险化学品罐式半挂车实际运输介质均与设计充装介质、《公告》和《合格证》签注的运输介质不相符。不同介质化学特性有差异，在计算压力、卸料口位置和结构、安全泄放装置的设置要求等方面均存在差异，不按出厂标定介质充装，造成安全隐患。（2）两辆事故危险化学品罐式半挂车未按国家标准要求安装紧急切断装置，属于不合格产品。（3）被追尾碰撞车辆未经过检验机构检验销售出厂，不符合《危险化学品安全管理条例》的规定。(4) 被追尾碰撞车辆罐体壁厚为4.5mm，不符合国家标准的规定，属于不合格产品。(5) 肇事车辆（后车）行车记录仪有故障不能正常使用。(6) 两辆事故车辆都存在明显的安全缺陷，但相关检验机构违规出具“允许使用”的检验报告。

7.2 近期典型安全生产事故案例介绍

案例1　福建泉州A酒店“3·7”重大坍塌事故

2020年3月7日19时14分，福建省泉州市A酒店所在建筑物发生坍塌事故，造成29人死亡、42人受伤，直接经济损失5794万元。

发生原因是，事故单位将该酒店建筑物由原四层违法增加夹层改建成七层，达到极限承载能力并处于坍塌临界状态，加之事发前对底层支承钢柱违规加固焊接作业引发钢柱失稳破坏，导致建筑物整体坍塌。

主要教训：

(1) 企业违法违规肆意妄为。A酒店的不法业主在未取得建设相关许可手续，且未组织勘察、设计的情况下，多次违法将工程发包给无资质施工人员，在明知楼上有大量人员住宿的情况下违规冒险蛮干，最终导致建筑物坍塌；相关中介服务机构违规承接业务甚至出具虚假报告。

(2) 安全发展理念不牢。鲤城区片面追求经济发展，通过“特殊情况建房”政策为违法建设开绿灯，埋下重大安全隐患；福建省有关部门及泉州市对违法建筑长期大量存在的重大安全风险认识不足，房屋安全隐患排查治理流于形式。

(3) 地方政府有关部门监管执法严重不负责任。泉州市、鲤城区的规划、住建、城管、公安等部门对该酒店未取得建设相关许可手续、未取得特种行业许可证，对外营业等违法违规行为长期视而不见。

(4) 相关部门审批把关层层失守。泉州市、鲤城区消防机构、公安等有关部门及常泰街道在材料形式审查和现场审查中把关不严，使不符合要求的项目蒙混过关、长期存在。

案例2　沈海高速浙江温岭段“6·13”液化石油气运输槽罐车重大爆炸事故

2020年6月13日16时41分许，浙江省台州市温岭市境内沈海高速公路温岭段温岭西出口下匝道发生一起液化石油气运输槽罐车重大爆炸事故，共造成20人死亡，175

人受伤，直接经济损失9470余万元。

发生原因是，事故车辆行驶至弯道路段时，未及时减速导致车辆发生侧翻，罐体前封头与跨线桥混凝土护栏端头猛烈撞击，形成破口并快速撕裂、解体，导致液化石油气迅速泄出、汽化、扩散，遇过往机动车火花产生爆燃，最后发生蒸汽云爆炸。

主要教训：

（1）企业安全生产主体责任严重不落实。瑞安市瑞阳危险品运输有限公司无视国家有关危化品运输的法律法规，未严格开展GPS动态监控、安全教育管理、如实上传电子路单等工作，存在车辆挂靠经营等违规行为，GPS监管平台运营服务商违规协助企业逃避监管。

（2）有关行业协会未如实开展安全生产标准化建设等级评定工作。未发现企业自评报告弄虚作假、监控人员配备不符合规定等问题，违规发放安全生产标准化建设等级证明，违规将年度核查评定为合格。

（3）事故路段匝道业主、施工、监理等单位在防撞护栏施工过程中未严格履行各自职责，防撞护栏搭接施工不符合标准规范和设计文件要求。

（4）有关地方党委政府安全发展理念树立不牢固，安全生产领导责任落实不到位。地方政府交通运输、公安、公路管理等部门，对危化品运输、公路建设养护、工程质量监督等方面安全风险管控和监管执法存在漏洞。

案例3　湖北仙桃某有机硅公司“8·3”较大闪爆事故

2020年8月3日17时39分许，湖北省仙桃市西流河镇仙桃市某有机硅公司甲基三丁酮肟基硅烷车间发生爆炸事故，造成6人死亡、4人受伤。

发生原因是，操作工在清理分层器内物料时，没有彻底将分层器底部物料排放至萃取工序，导致超量的丁酮肟盐酸盐进入产品中和工序、放入1#静置槽，致使“反应下移”，反应热量在静置槽中累积，静置槽没有温度监测及降温措施，丁酮肟盐酸盐发生分解爆炸。

主要教训：

（1）事故企业安全意识淡薄、法治意识缺失。事故车间未经正规设计和验收，违法组织生产，未制定分层器工序操作规程；安全风险辨识不到位，对丁酮肟盐酸盐危险特性认识不足；设备设施部件和自动控制系统存在缺陷，从业人员学历资格达不到要求，对异常工况处理不当。

（2）地方政府安全发展红线意识不强。履行安全生产属地管理责任不到位，对事故企业违法组织生产监督检查不力，全面摸排安全风险和事故隐患工作不彻底。

案例4　山西临汾某饭店“8·29”重大坍塌事故

2020年8月29日9时40分许，山西省临汾市襄汾县陶寺乡陈庄村某饭店发生坍塌事故，造成29人死亡、28人受伤，直接经济损失1164.35万元。

发生原因是，该饭店建筑结构整体性差，经多次加建后，宴会厅东北角承重砖柱长期处于高应力状态；北楼二层部分屋面预制板长期处于超荷载状态，在其上部高炉水渣保温层的持续压力下，发生脆性断裂，形成对宴会厅顶板的猛烈冲击，导致东北角承重砖柱崩塌，最终造成北楼二层南半部分和宴会厅整体坍塌。

主要教训：

（1）该饭店经营者长期违法占地，多次通过不正当手段取得未经审批的集体土地建设用地使用证，拒不执行原襄汾县国土资源等部门的行政处罚和人民法院的裁定。

（2）该饭店经营者先后8次违规扩建，从未经过专业设计、无资质且不按规范施工，也从未经过竣工验收，仅依靠包工头和个人想法，建设全程无人管无人查，房屋质量安全无保障。

（3）该饭店经营者擅自将自建农房从事经营活动，未对建筑安全隐患排查整治，安全生产主体责任不落实。

（4）襄汾县陶寺乡政府和陈庄村“两委”未认真履行属地管理职责，对农村自建房改为经营活动场所的管控缺失，未按要求对擅自改建扩建加层、野蛮装修和违法违规建房等进行重点排查整治。

（5）临汾市襄汾县政府及有关部门行政审批和监管执法不严，违规将加盖政府公章的空白集体土地建设用地使用证提前发给各乡镇，违规对过期证照办理延期；在政府开展的多轮打击违法占地、非农建设整治等行动中，监管执法人员均未对该饭店长期的违法违规行为予以有效制止查处。

案例5　甘肃白银某公司“9·6”较大生产安全事故

2020年9月6日2时22分许，甘肃省白银市白银区某公司熔铸车间发生一起冷却水闪蒸事故，造成4人死亡，6人受伤。

发生原因是，熔铸车间作业工人发现铸造过程出现异常情况后，在采取加铝饼、调速等降温方法效果不明显时，未及时终止作业，导致铝合金棒拉漏，大量高温铝液进入冷却竖井，冷却水瞬间汽化并发生剧烈的铝粉氧化反应，产生的混合气体体积在相对密闭空间急剧膨胀，聚集的能量突然释放形成冲击波，导致事故发生。

主要教训：

（1）企业安全制度落实不到位、内容不科学。安全培训制度未落实，三项岗位人员持证不足，三级安全培训教育不到位；违法采用12h两班连续工作制度，熔铸车间安全管理缺失；工作制度不合理导致夜班生产作业调度不畅、安全监管失位，当班班长发现现场违规问题纠正不及时，对生产过程中出现的异常状况处置失当。

（2）企业安全管理不到位。熔铸车间风险等级与安全管理措施不匹配，隐患排查治理未闭环；制定的熔铸工安全操作规程缺少具体操作程序和步骤、岗位主要危险有害因素等；安全管理机构设置不健全，安全管理职责边界不清，安全管理人员数量不足。

（3）监管部门安全检查专业力量不足，未能及时发现熔铸车间铸造过程中的安全隐患和存在的问题。

案例6　渤海海峡老铁山水道“9·18”重大水上交通事故

2020年9月18日4时19分许，渤海海峡老铁山水道发生一起商船与渔船碰撞的重大水上交通事故，造成渔船沉没，渔船船员10人全部失踪，直接经济损失约300万元。

发生原因是，渔船违反避碰规则，外籍商船未能采取安全航速航行，两船会遇构成紧迫局面后，均未采取有效的避碰行动，最终发生碰撞。

主要教训：

（1）渔船船员安全意识不高，安全技能不足，在事故中未履行避让义务。

（2）渔船自动识别系统不能正常工作，致使无法在商船的电子海图系统上显示本船位置和动态。

（3）商船过度依赖自动驾驶设施设备，忽略对雷达、视觉等其他有效瞭望手段的使用，导致未能及时识别和发现渔船。

（4）商船在事故发生后离开现场，未能第一时间救助遇险渔民，扩大了事故损失。

（5）渔港源头监管不到位，未能对出港作业渔船实施有效检查，致使渔船配员不符合法定要求。

案例7　重庆某公司S煤矿“9·27”重大火灾事故

2020年9月27日0时20分，重庆某公司S煤矿发生重大火灾事故，造成16人死亡、42人受伤，直接经济损失2501万元。

发生原因是，S煤矿二号大倾角运煤上山胶带下方煤矸堆积，起火点63.3m标高处回程托辊被卡死、磨穿形成破口，内部沉积粉煤；磨损严重的胶带与起火点回程托辊滑动摩擦产生高温和火星，点燃回程托辊破口内积存粉煤；胶带输送机运转监护工发现胶带异常情况，电话通知地面集控中心停止胶带运行，紧急停机后静止的胶带被引燃，胶带阻燃性能不合格、巷道倾角大、上行通风，火势增强，引起胶带和煤混合燃烧；火灾烧毁设备，破坏通风设施，产生的有毒有害高温烟气快速蔓延至采煤工作面，造成重大人员伤亡。

主要教训：

（1）S煤矿重效益轻安全。该矿职工已经检查出二号大倾角胶带巷浮煤多，下托辊、上托架损坏变形严重等问题和隐患，并向煤矿矿长等管理人员进行了报告，但该矿矿长毫无“红线”意识，为不影响矿井正常生产未立即停产，而是计划在国庆节停产检修期间更换，并要求整治工作不能影响胶带运煤，让胶带运输机“带病运行”。

（2）矿井安全管理混乱。二号大倾角运煤上山胶带防止煤矸洒落的挡矸棚维护不及时，变形损坏，皮带运行中洒煤严重，皮带下部煤矸堆积多、掩埋甚至卡死下托辊，少数下托辊被磨平、磨穿，已磨损严重的皮带与卡死的下托辊滑动摩擦起火；煤矿没有按规定统一管理、发放自救器，有的自救器压力不够。

（3）该公司督促煤矿安全生产管理责任落实不到位，对所属煤矿安全实行四级管理，职能交叉、职责不清，责任落实层层弱化。

案例8　山西太原某公司“10·1”重大火灾事故

2020年10月1日13时许，山西省太原市迎泽区小山沟村台骀山景区冰雕馆发生一起重大火灾事故，造成13人死亡、15人受伤。

发生原因是，当日景区10kV供电系统故障维修结束恢复供电后，景区电工在将自备发电机供电切换至市电供电时，进行了违章带负荷快速拉、合隔离开关操作，在照明线路上形成的冲击过电压击穿装饰灯具的电子元件造成短路；火车通道内照明电气线路设计、安装不规范，采用的无漏电保护功能大容量空气开关无法在短路发生后及时跳闸切除故障，持续的短路电流造成电子元件装置起火，引燃线路绝缘层及聚氨酯保温材料，进而引燃聚苯乙烯泡沫夹芯板隔墙及冰雕馆内的聚氨酯保温材料。

主要教训：

（1）企业无视国家法律法规和政策规定，在未取得有关部门行政审批手续的情况下，长期进行违法占地、违法建设等活动。

（2）企业在游乐场馆建设中没有使用正规的设计、施工、监理、验收单位进行建设，致使电气线路敷设、接地短路保护和逃生通道、安全出口的设置等不符合安全要求，甚至人为封堵冰雕馆安全出口。

（3）企业违规在人员密集场所使用聚氨酯、聚苯乙烯等易燃可燃保温材料。

（4）企业负责人安全意识淡薄，未建立安全生产管理机构、配备专兼职安全管理人员、健全全员安全生产责任制，安全隐患排查、整治、整改走过场，安全管理流于形式。

（5）地方政府没有正确处理安全与发展的关系，有关部门安全监管责任不落实。

案例9　湖南衡阳Y煤矿“11·29”重大透水事故

2020年11月29日11时30分，湖南省衡阳市耒阳市Y煤矿发生重大透水事故，造成5人死亡、8人失联，直接经济损失3484.03万元。

发生原因是，Y煤矿超深越界在-500m水平61煤一上山巷道式开采急倾斜煤层，在矿压和上部水压共同作用下发生抽冒，导通上部导子二矿-350m至-410m采空区积水，大量老空积水迅速溃入源江山煤矿-500m水平，并迅速上升稳定至-465m，导致井巷被淹，造成重大人员伤亡。

主要教训：

（1）Y煤矿长期超深越界，盗采国家资源。该矿2011年以前就已经越界开采，2019年底就超深越界至-500m水平；通过篡改巷道真实标高、不在图纸上标注、井下设置活动铁门密闭、不安装监控系统和人员定位系统等方式逃避安全监管，长期盗采国家资源。

（2）Y煤矿违法组织生产。该矿在安全生产许可证注销、地方政府下达停产指令、等待技改期间，擅自拆除提升绞车和入井钢轨封条、切断主井井口视频监控电源，昼停夜开，仅2020年就生产出煤5.56万吨。

（3）Y煤矿使用国家明令禁止的工艺，以包代管，生产组织混乱。该矿采用巷道式采煤，坑木支护，采掘布局混乱，多头作业，通风系统不健全，未形成2个安全出口，有的采煤工作面使用压风管路通风；将井下采掘作业承包给多个私人包工队，以包代管，仅事故区域就有3个包工队。

（4）Y煤矿在老空水淹区域下违规开采急倾斜煤层。该矿在-500m水平61煤采掘期间，明知工作面上方采空区存在积水，仍然心怀侥幸，冒险蛮干，在老空水淹没区域下违规开采急倾斜煤层。

（5）Y煤矿违规申领火工品且管理混乱。该矿明知其属于停工停产待建矿井，多次借整改之名违规向耒阳市公安局民爆大队申领火工品；在公安机关清缴火工品期间，擅自拆除民爆物品仓库封条，使用火工品组织生产，并采取多领少用的方式，违规处置剩余火工品。

案例10　重庆永川某公司“12·4”重大火灾事故

2020年12月4日17时17分，重庆市某公司在重庆市永川区D煤矿回收设备时发生重大火灾事故，造成23人死亡、1人重伤，直接经济损失2632万元。

发生原因是，该公司在D煤矿井下回撤作业时，回撤人员在-85m水泵硐室内违规使用氧气/液化石油气切割2#、3#水泵吸水管，掉落的高温熔渣引燃了水仓吸水井内沉积的油垢，油垢和岩层渗出油燃烧产生大量有毒有害烟气，在火风压作用下蔓延至进风巷，造成人员伤亡。

主要教训：

（1）D煤矿未按上报的回撤方案组织回撤作业。上报给地方政府和有关部门的撤出井下设备报告及回撤方案中，隐瞒了已将井下回撤工作交由该公司组织实施的事实，且上报的回撤方案中未将井下水泵列入回撤设备清单，但实际对水泵进行了回撤。

（2）该公司不具备煤矿井下作业资质，井下设备回撤作业现场管理混乱，安排未取得焊接与热切割作业证的人员在井下进行切割作业，在-85m水泵硐室气割水管前，未采取措施清理或者隔离焊碴、防止飞溅掉落到存有岩层渗出油的吸水井的措施。

（3）D煤矿和该公司安全管理混乱。未落实煤矿入井检身制度，入井人员未随身携带自救器，隐患排查治理不到位。

案例11 江苏某公司“3·21”特别重大爆炸事故

2019年3月21日14时48分许，位于江苏省盐城市某公司发生特别重大爆炸事故，造成78人死亡、76人重伤，640人住院治疗，直接经济损失19.86亿元。

事故调查组查明，事故的直接原因是该公司旧固废库内长期违法储存的硝化废料持续积热升温导致自燃，燃烧引发爆炸。事故调查组认定，该公司无视国家环境保护和安全生产法律法规，刻意瞒报、违法储存、违法处置硝化废料，安全环保管理混乱，日常检查弄虚作假，固废仓库等工程未批先建。相关环评、安评等中介服务机构严重违法违规，出具虚假失实评价报告。

事故调查组同时认定，江苏省各级应急管理部门履行安全生产综合监管职责不到位，生态环境部门未认真履行危险废物监管职责，工信、市场监管、规划、住建和消防等部门也不同程度存在违规行为。

江苏某公司“3·21”特别重大爆炸事故发生后，党中央、国务院高度重视，第一时间对抢险救援、伤员救治和事故调查处置等作出部署。江苏省纪检监察机关按照干部管理权限，依规依纪依法对事故中涉嫌违纪违法问题的61名公职人员进行严肃问责。同时，江苏省公安机关对涉嫌违法问题的44名企业和中介机构人员立案侦查并采取刑事强制措施。

案例12 吉林省长春市某公司“6·3”特别重大火灾爆炸事故

2013年6月3日6时10分许，位于吉林省长春市德惠市某公司主厂房发生特别重大火灾爆炸事故，共造成121人死亡、76人受伤，17234m^2主厂房及主厂房内生产设备被损毁，直接经济损失1.82亿元。

经调查认定，吉林省某公司“6·3”特别重大火灾爆炸事故是一起生产安全责任事故。事故的直接原因是该公司主厂房一车间女更衣室西面和毗连的二车间配电室的上部电气线路短路，引燃周围可燃物。

造成火势迅速蔓延的主要原因：

（1）主厂房内大量使用聚氨酯泡沫保温材料和聚苯乙烯夹芯板（聚氨酯泡沫燃点低、燃烧速度极快，聚苯乙烯夹芯板燃烧的滴落物具有引燃性）。

（2）一车间女更衣室等附属区房间内的衣柜、衣物、办公用具等可燃物较多，且与人员密集的主车间用聚苯乙烯夹芯板分隔。

（3）吊顶内的空间大部分连通，火灾发生后，火势由南向北迅速蔓延。

（4）当火势蔓延到氨设备和氨管道区域，燃烧产生的高温导致氨设备和氨管道发生物理爆炸，大量氨气泄漏，介入了燃烧。

造成重大人员伤亡的主要原因：

（1）起火后，火势从起火部位迅速蔓延，聚氨酯泡沫塑料、聚苯乙烯泡沫塑料等材料大面积燃烧，产生高温有毒烟气，同时伴有泄漏的氨气等毒害物质。

（2）主厂房内逃生通道复杂，且南部主通道西侧安全出口和二车间西侧直通室外的安全出口被锁闭，火灾发生时人员无法及时逃生。

（3）主厂房内没有报警装置，部分人员对火灾知情晚，加之最先发现起火的人员没有来得及通知二车间等区域的人员疏散，使一些人丧失了最佳逃生时机。

（4）该公司未对员工进行安全培训，未组织应急疏散演练，员工缺乏逃生自救互救知识和能力。

经调查认定：该公司安全生产主体责任根本不落实。公安消防部门履行消防监督管理职责不力。建设部门在工程项目建设中监管严重缺失。安全监管部门履行安全生产综合监管职责不到位。地方政府安全生产监管职责落实不力。

案例 13　天津港 8·12 特别重大火灾爆炸事故

2015 年 8 月 12 日，位于天津市滨海新区天津港的某公司危险品仓库发生特别重大火灾爆炸事故。

党中央、国务院高度重视，习近平总书记两次作出重要批示，并主持召开中央政治局常委会会议，专题听取事故抢险救援和应急处置情况汇报，要求全力搜救人员，千方百计救治伤员，有序进行现场清理，加强环境监测，做好善后处置工作，彻查事故原因并严肃追责，坚决落实安全生产责任制，有效化解各类安全生产风险，保障人民群众生命财产安全。李克强总理多次作出重要批示，并率马凯副总理、杨晶国务委员亲临事故现场指导救援处置工作，主持召开国务院常务会议进行研究部署，听取国务院事故调查组工作进展情况汇报，要求对现场进行深入搜救，全力救治受伤人员，注意做好科学施救，防止发生次生事故，依法依纪严肃追究事故责任，健全完善安全生产长效机制，切实防范各类重特大事故发生。调查认定，天津港“8·12”某公司危险品仓库火灾爆炸事故是一起特别重大生产安全责任事故。

事故调查组最终认定事故直接原因是：该公司危险品仓库运抵区南侧集装箱内的硝

化棉由于湿润剂散失出现局部干燥，在高温（天气）等因素的作用下加速分解放热，积热自燃，引起相邻集装箱内的硝化棉和其他危险化学品长时间大面积燃烧，导致堆放于运抵区的硝酸铵等危险化学品发生爆炸。

该公司违法违规经营和储存危险货物，安全管理极其混乱，未履行安全生产主体责任，致使大量安全隐患长期存在；严重违反天津市城市总体规划和滨海新区控制性详细规划，未批先建、边建边经营危险货物堆场；无证违法经营，违法从事港口危险货物仓储经营业务；以不正当手段获得经营危险货物批复；违规存放硝酸铵；严重超负荷经营、超量存储；违规混存、超高堆码危险货物；违规开展拆箱、搬运、装卸等作业；未按要求进行重大危险源登记备案；安全生产教育培训严重缺失；未按规定制定应急预案并组织演练。

天津市交通运输委员会（原天津市交通运输和港口管理局）滥用职权，违法违规实施行政许可和项目审批；玩忽职守，日常监管严重缺失。天津港（集团）有限公司在履行监督管理职责方面玩忽职守，个别部门和单位弄虚作假、违规审批，对港区危险品仓库监管缺失。

天津海关系统违法违规审批许可，玩忽职守，未按规定开展日常监管。天津市安全监管部门玩忽职守，未按规定对瑞海公司开展日常监督管理和执法检查，也未对安全评价机构进行日常监管。天津市规划和国土资源管理部门玩忽职守，在行政许可中存在多处违法违规行为。天津市市场和质量监督部门对瑞海公司日常监管缺失。天津海事部门培训考核不规范，玩忽职守，未按规定对危险货物集装箱现场开箱检查进行日常监管。天津市公安部门未认真贯彻落实有关法律法规，未按规定开展消防监督指导检查。天津市滨海新区环境保护局未按规定审核项目，未按职责开展环境保护日常执法监管。天津市滨海新区行政审批局未严格执行项目竣工验收规定。天津市委、天津市人民政府和滨海新区党委、政府未全面贯彻落实有关法律法规，对有关部门和单位安全生产工作存在的问题失察失管。交通运输部未认真开展港口危险货物安全管理督促检查，对天津交通运输系统工作指导不到位。海关总署未认真组织落实海关监管场所规章制度，督促指导天津海关工作不到位。中介及技术服务机构弄虚作假，违法违规进行安全审查、评价和验收等。

根据事故原因调查和事故责任认定，依据有关法律法规和党纪政纪规定，对事故有关责任人员和责任单位提出处理意见：公安机关对24名相关企业人员依法立案侦查并采取刑事强制措施（该公司13人，中介和技术服务机构11人）。检察机关对25名行政监察对象依法立案侦查并采取刑事强制措施［正厅级2人，副厅级7人，处级16人；交通运输部门9人，海关系统5人，天津港（集团）有限公司5人，安全监管部门4人，规划部门2人］。事故调查组另对123名责任人员提出了处理意见。建议对74名责任人员（省部级5人、厅局级22人、县处级22人、科级及以下25人）给予党纪政纪处分（撤职处分21人、降级处分23人、记大过及以下处分30人）；对其他48名责任人员，建议由天津市纪委及相关部门予以诫勉谈话或批评教育；1名责任人员在事故调查处理期间病故，建议不再给予其处分。事故调查组建议对事故企业和有关中介及技术服务机构等5家单位分别给予行政处罚。事故调查组建议对天津市委、市政府通报批评，并责成天津市委、市政府向党中央、国务院作出深刻检查；建议责成交通运输部向国务院作出深刻检查。

案例14　江苏省苏州昆山市某公司“8·2”特别重大爆炸事故

2014年8月2日7时34分，江苏省苏州市昆山市某公司抛光二车间（以下简称事故车间）发生特别重大铝粉尘爆炸事故，当天造成75人死亡、185人受伤，直接经济损失3.51亿元。经调查认定，该金属制品有限公司“8·2”特别重大爆炸事故是一起生产安全责任事故。

事故的直接原因是：事故车间除尘系统较长时间未按规定清理，铝粉尘集聚。除尘系统风机开启后，打磨过程产生的高温颗粒在集尘桶上方形成粉尘云。1号除尘器集尘桶锈蚀破损，桶内铝粉受潮，发生氧化放热反应，达到粉尘云的引燃温度，引发除尘系统及车间的系列爆炸。因没有泄爆装置，爆炸产生的高温气体和燃烧物瞬间经除尘管道从各吸尘口喷出，导致全车间所有工位操作人员直接受到爆炸冲击，造成群死群伤。该金属制品有限公司无视国家法律，违法违规组织项目建设和生产，是事故发生的主要原因。厂房设计与生产工艺布局违法违规。除尘系统设计、制造、安装、改造违规。车间铝粉尘集聚严重。安全生产管理混乱。安全防护措施不落实。事故车间电气设施设备不符合《爆炸危险环境电力装置设计规范》（GB 50058—2014）规定，均不防爆，电缆、电线敷设方式违规，电气设备的金属外壳未作可靠接地。现场作业人员密集，岗位粉尘防护措施不完善，未按规定配备防静电工装等劳动保护用品，进一步加重了人员伤害。苏州市、昆山市和昆山开发区安全生产红线意识不强、对安全生产工作重视不够，是事故发生的重要原因。负有安全生产监督管理责任的有关部门未认真履行职责，审批把关不严，监督检查不到位，专项治理工作不深入、未落实，是事故发生的重要原因。

江苏省淮安市建筑设计研究院、南京工业大学、江苏莱博环境检测技术有限公司和昆山菱正机电环保设备有限公司等单位，违法违规进行建筑设计、安全评价、粉尘检测、除尘系统改造，对事故发生负有重要责任。

案例15　晋济高速公路山西晋城段岩后隧道“3·1”特别重大道路交通危化品燃爆事故

2014年3月1日14时45分许，位于山西省晋城市泽州县的晋济高速公路山西晋城段岩后隧道内，两辆运输甲醇的铰接列车追尾相撞，前车甲醇泄漏起火燃烧，隧道内滞留的另外两辆危险化学品运输车和31辆煤炭运输车等车辆被引燃引爆，造成40人死亡、12 人受伤和 42 辆车烧毁，直接经济损失 8197 万元。

事故发生后，党中央、国务院高度重视，习近平总书记、李克强总理和马凯副总理、郭声琨国务委员、王勇国务委员等党中央、国务院领导同志作出重要批示，要求尽快核清伤亡人数，查明事故原因，认定事故责任，依法依规严肃处理，并要深刻吸取事故教训，抓紧部署开展各类易燃易爆品运输安全专项整治，查找安全隐患和管理漏洞，坚决杜绝重特大事故发生。同时，派出了国务院安委会工作组赴现场进行督促指导。

经调查认定，晋济高速公路山西晋城段岩后隧道“3·1”特别重大道路交通危化品燃爆事故是一起生产安全责任事故。事故直接原因是：晋 E23504/晋 E2932 挂铰接列车在隧道内追尾豫 HC2923/豫 H085J 挂铰接列车，造成前车甲醇泄漏，后车发生电气短路，引燃周围可燃物，进而引燃泄漏的甲醇。

山西省晋城市福安达物流有限公司安全生产主体责任不落实。企业法定代表人不能有效履行安全生产第一责任人责任；企业应急预案编制和应急演练不符合规定要求；企业没有按照设计充装介质、《车辆生产企业及产品（第 115 批）》批准及《机动车辆整车出厂合格证》记载的介质要求进行充装；从业人员安全培训教育制度不落实，驾驶员和押运员习惯性违章操作，罐体底部卸料管根部球阀长期处于开启状态。另外，肇事车辆在行车记录仪于 2014 年 1 月 3 日发生故障后，仍然继续从事运营活动，违反了《国务院关于加强道路交通安全工作的意见》（国发〔2012〕30 号）的有关规定。

参考文献

［1］ 王贵生，李献英. 安全生产事故案例分析［M］. 北京：中国建筑工业出版社，2012.

［2］ 胡月亭. 安全风险预防与控制［M］. 北京：团结出版社，2018.

［3］ 吕淑然，王建国. 安全生产事故调查与案例分析［M］. 北京：化学工业出版社，2019.

［4］ 罗云，裴晶晶. 风险分析与安全评价［M］. 北京：化学工业出版社，2016.

［5］ 崔政斌，赵海波. 危险化学品企业隐患排查治理［M］. 北京：化学工业出版社，2016.

［6］ 王周伟. 风险管理［M］. 北京：机械工业出版社，2017.

［7］ 马文 · 拉桑德. 风险评估理论、方法与应用［M］. 北京：清华大学出版社，2013.

［8］ 张曾莲. 风险评估方法［M］. 北京：机械工业出版社，2017.

［9］ 王贵生，苏晓梅. 安全生产事故案例分析［M］. 北京：中国建筑工业出版社，2010.

［10］ 吕淑然，王建国. 安全生产事故调查与案例分析［M］. 北京：化学工业出版社，2013.

［11］ 庞磊，栾婷婷，吕鹏飞. 工业企业典型事故案例分析［M］. 北京：化学工业出版社，2019.

［12］ 罗植廷，庄胜强，杜晓航，等. 某化工厂空分塔爆炸事故分析［J］. 劳动保护，2019（09）：60-61+8.

［13］ 邹慈莲，大卫 W 爱华德，保罗 W H 钟，等. 台湾地区福国化工厂爆炸事故［J］. 现代职业安全，2016（09）：86-89.

［14］ 宋大成. 事故案例分析内容精讲与试题解析［M］. 北京：中国石化出版社，2012.

［15］ 王芳芳，苏首勋，陈小霞. 急性氯气中毒事故调查［J］. 河南医学高等专科学校学报，2020，32（05）：541-543.

［16］ 姜威，刘军鄂. 湖北省安全生产监察实务［M］. 北京：化学工业出版社，2010.

［17］ 王福成，陈宝智. 安全工程概论［M］. 北京：煤炭工业出版社，2002.

［18］ 于谷顺，曹国红. 安全生产管理知识［M］. 北京：中国建筑工业出版社，2011.

［19］ 于谷顺，曹国红. 安全生产管理知识［M］. 北京：中国建筑工业出版社，2011.

［20］ 田水承，景国勋. 安全管理学［M］. 北京：机械工业出版社，2009.

［21］ 徐德蜀，邱成. 安全文化通论［M］. 北京：化学工业出版社，2004.

［22］ 张兴凯. 安全生产事故案例分析［M］. 北京：中国大百科全书出版社，2011.

［23］ 廖长风. 民爆企业安全生产风险管控的案例分析：以久联化工有限公司为例［J］. 科学决策，2013（09）：63-94.

［24］ 苏家林. 梅山铁矿安全生产标准化体系创建与实践［J］. 现代矿业，2013，29（09）：176-177.

［25］ 曾珠. 安全生产应急管理人员培训教材［M］. 北京：气象出版社，2014.

［26］ 广东省安全生产应急救援指挥中心. 企业安全生产应急预案管理［M］. 北京：清华大学出版社，2013.

［27］ 张兴凯. 安全生产事故案例分析：2011 版［M］. 北京：中国大百科全书出版社，2011.

［28］ 宋大成. 事故案例分析内容精讲与试题解析［M］. 北京：中国石化出版社，2012.

［29］ 应急救援系列丛书编委会. 应急救援基础知识［M］. 北京：中国石化出版社，2008.

［30］ 王飞，郑晓翠，李鑫，等. 应急演练设计与推演［M］. 北京：清华大学出版社，2020.